MATLAB 基础与应用

主　编　熊庆如

副主编　柳　叶　王克床

参　编　刘　翔　张芙敏

机 械 工 业 出 版 社

本书主要介绍 MATLAB 基础与应用，内容主要包括函数的 MATLAB 计算与作图、微积分的 MATLAB 计算、用 MATLAB 解常微分方程（组）、矩阵运算的 MATLAB 实现、用 MATLAB 求解线性方程组、用 MATLAB 解线性规划问题、概率问题的 MATLAB 计算、统计问题的 MATLAB 计算、数据拟合、层次分析法的 MATLAB 程序等。本书的编写目的是培养读者的数值计算和数据处理能力，加强读者用数学工具分析和解决问题的意识。

本书适合工程技术人员学习 MATLAB 时使用，也可作为高等职业院校相关专业的培训教材。

图书在版编目（CIP）数据

MATLAB 基础与应用/熊庆如主编．—北京：机械工业出版社，2014.4（2020.1 重印）

ISBN 978-7-111-45813-5

Ⅰ.①M…　Ⅱ.①熊…　Ⅲ.①Matlab 软件　Ⅳ.①TP317

中国版本图书馆 CIP 数据核字（2014）第 026093 号

机械工业出版社（北京市百万庄大街 22 号　邮政编码 100037）
策划编辑：黄丽梅　责任编辑：王春雨
版式设计：霍永明　责任校对：胡艳萍
封面设计：马精明　责任印制：常天培
北京京丰印刷厂印刷
2020 年 1 月第 1 版·第 3 次印刷
130mm×184mm·5.5 印张·122 千字
5 001—6 000 册
标准书号：ISBN 978-7-111-45813-5
定价：20.00 元

凡购本书，如有缺页、倒页、脱页，由本社发行部调换
电话服务　网络服务
社服务中心：（010）88361066　教材网：http://www.cmpedu.com
销售一部：（010）68326294　机工官网：http://www.cmpbook.com
销售二部：（010）88379649　机工官博：http://weibo.com/cmp1952
读者购书热线：（010）88379203　封面无防伪标均为盗版

前　言

现代社会，数学理论已经发展得十分完善，各种数学工具对现实的生产显示出很强的指导作用。然而，在数学的理论工具与实际生产的结合过程中，效率低下的传统手工计算方法成为最大的障碍。随着计算机技术的进步，各种数学软件也如雨后春笋般展示出勃勃生机。

MATLAB 是一款简单易用的数学软件,由美国 mathworks 公司发布,主要面对科学计算、可视化以及交互式程序设计的高科技计算环境,具有强大的数据处理能力和出色的图形处理功能。学习并掌握它,有助于人们从繁重的数学计算中解脱出来,把更多的精力投入数学理论的学习和研究。

目前，MATLAB 在我国的应用越来越广泛，很多科学领域都用它来完成数值、图像和信号的分析与处理，而且其独特的、功能丰富的应用工具箱为用户提供了大量方便实用的处理工具，受到广大用户的一致好评。

本书主要介绍 MATLAB 基础与应用,目的就是要培养读者的数值计算和数据处理能力,加强读者用数学工具分析和解决问题的意识。本书在编写过程中,力求体现以下特点:

1）语言简练，趣味性强，易于阅读与接受。

2）知识难度不大，适合初学者使用。

由于水平有限，时间仓促，书中难免有不足之处，欢迎读者批评指正。

编　者

目　录

第1章　MATLAB简介

和其他数学软件相比，MATLAB具有简洁直观、使用方便、符合人们的习惯思维、库函数丰富等优点。除卓越的数值计算功能外，MATLAB还具有专业水平的符号计算、文字处理、可视化建模仿真等功能，几乎能解决所有的工程计算问题。在国外，MATLAB软件已经受了许多年的考验。在欧美等高校，MATLAB已经成为线性代数、自动控制理论、数理统计、数字信号处理、时间序列分析、动态系统仿真等高级课程的基本教学工具。

MATLAB是Matrix Laboratory的简写，意为矩阵实验室。它产生于20世纪70年代后期，是美国New Mexico大学计算机系主任Cleve Moler在给学生讲授线性代数课程时，为学生使用EISPACK和LINPACK而编写的接口程序。1984年，由Math Works公司正式推向市场，并不断更新完善。

1.1　MATLAB的启动

双击桌面上的MATLAB图标，显示如图1-1所示MATLAB工作界面，其中右边窗口为命令窗口(Command Window)，用于输入操作命令；在左下方窗口为历史记录窗口(Command History)，保留自安装时起所有命令的历史记录，并标明使用时间，以方便使用者查询。双击某一行命令，即在命令窗口中执行该命令；左上方窗口为工作空间管理窗口(Workspace)，显示所有目前保存在内存中的MATLAB变量的变量名、数据结构、字节数以及类型，不同的变量类型分别对应不同的变量名图标。

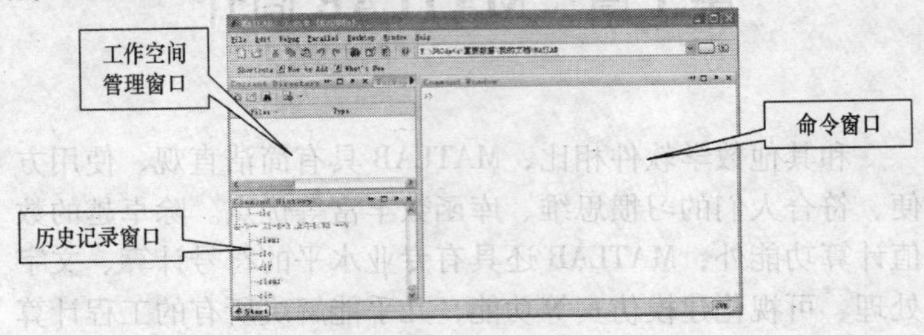

图 1-1

1.2 常用操作

1. 恢复默认的工作界面

有时可能由于误操作，更改了 MATLAB 的工作界面，要恢复到默认的工作界面，操作如图 1-2 所示。

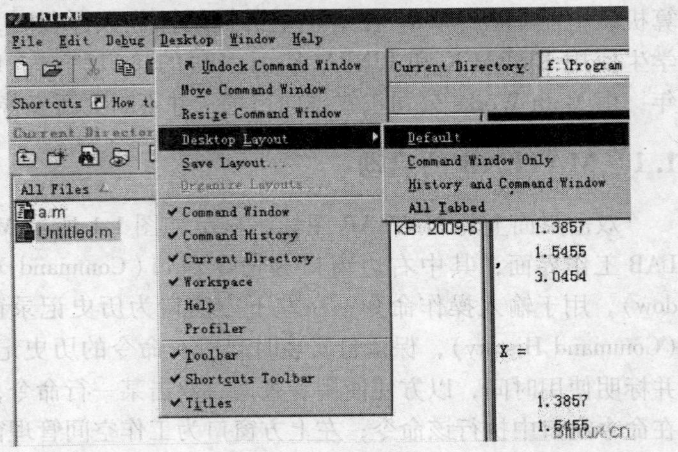

图 1-2

如果只是工作区窗口和历史区窗口丢失，只要打开界面菜单栏的desktop，分别单击Command Window，Command History，Workspace即可。

2. 清除操作

```
>> clc          % 清除命令窗口中的所有内容
>> clear        % 清除内存中的所有MATLAB记忆
>> clf          % 清除图形窗口内容
```

其中，符号“%”表示注释，在命令窗口中不运行。

3. 调用以前运行过的语句

①按键盘上的上下方向键；

②在左下角的历史记录窗口双击欲调用语句；

③在右边的命令窗口或左下角的历史记录窗口选中语句，顺次进行如下操作：

4. 其他

①请求帮助文件：>> help 请求内容；

如：>> help elfun ↵ % 关于基本函数的帮助信息

>> help exp ↵ % 指数函数exp的详细信息

②超文本格式的帮助文件：>> doc 请求内容；

如：>> doc elfun ↵ % 以超文本格式显示关于基本函数的帮助信息

>> doc exp ↵ % 以超文本格式显示关于指数函数的帮助信息

③请求帮助：>> lookfor 请求内容；

当要查找具有某种功能但又不知道准确名字的指令时，help的能力就不够了，此时可使用“lookfor”命令。lookfor可以根据用户提供的完整或不完整的关键词，去搜索出一组与之相关的指令。

如：>> lookfor integral ↵ % 查找有关积分的指令

>> lookfor fourier ↵ % 查找能进行傅里叶变换的指令

④请求演示：>> demo 请求内容。

命令 help、doc、lookfor 都有各自的特点，其中 help 与 doc 只是显示方式不同。help、doc 的请求内容必须完整准确，而 lookfor 后面的请求内容可以不完整。

1.3 常量与变量

MATLAB 语言本身具有一些预定义的变量值，这些特殊的有特定值变量称为常量。表 1-1 给出了 MATLAB 语言中经常使用的一些常量。

表 1-1

常 量	表示数值
pi	圆周率 π
inf	正无穷大
NaN	表示不定值
i，j	虚数单位
eps	计算机的最小数
realmax	最大可用正实数
realmin	最小可用正实数

MATLAB 语言中的变量是由字母、数字、下划线组成，主要命名规则为：

①以字母开头；

②区分大小写。

MATLAB 语句有两种最常见形式：

① >> 变量 = 表达式；

运行结果显示为“变量 = …”

② >> 表达式；

运行结果显示为“ans = …”

其中，“ans”是指当前的计算结果，若计算时用户没有对表达式设定变量，系统就自动赋当前结果给“ans”变量。如：

```
>>  a =1 +2              >>1 +2
a =                      ans =
    3                        3
```

1.4 算术运算符

MATLAB 的加、减、乘法运算符的输入和通常的电脑输入是一致的。除法运算分左除(\ )和右除(/)，2/3 是 2 除以 3，而 2 \ 3 实际是 3 除以 2。为了避免混淆，对一般除法运算采取前者。乘方运算符为电脑键盘上的“^”。算术运算符输入方式见表 1-2。

表 1-2

运算符	MATLAB 输入	
	矩阵	数组
加	+	+
减	-	-
乘	*	.*
除	/	./
乘方	^	.^

MATLAB 的运算分矩阵运算和数组运算两种。线性代数中把 m 行 n 列元素所排成的矩形阵称为矩阵。如：

$$\begin{pmatrix} a_{11} & \cdots & a_{1n} \\ \vdots & & \vdots \\ a_{m1} & \cdots & a_{mn} \end{pmatrix}$$

只有 1 行或 1 列的矩阵叫做向量或数组。MATLAB 的基本数据单位是矩阵，因此，正常的运算是矩阵运算，在运算符前加点的运算是数组运算。

在 MATLAB 实际操作时如果刻意区分运算符前是否加点可能会使问题复杂化，制造出不必要的混乱。符合人们的习惯思维是 MATLAB 的一大优点，因此，在操作时，可先按不加点的方式进行输入，如果输入没有其他错，而命令运行不了，那么其运算就可能是数组运算，在相应的运算符前加“.”试试。

如：>> x = -5:0.5:5;

>> y = x^2

??? Error using = = > mpower Inputs must be a scalar and a square matrix. To compute elementwise POWER, use POWER (.^) instead. % 这行英文红色语句是错误警告,警告命令输入有误,并提示用“.^”替换“^”

>> y = x.^2

1.5 逻辑运算符号

逻辑运算是 MATLAB 中数组运算的一种运算形式，也是几乎所有的高级语言普遍使用的一种运算。它的符号运算符、功能及函数名见表 1-3。

表　1-3

符号运算符	功　能	函数名
==	等于	eq
~ =	不等于	ne
<	小于	lt
>	大于	gt
<=	小于等于	le
>=	大于等于	ge
&	逻辑与	and
|	逻辑或	or
~	逻辑非	not

说明：在算术运算、比较运算和逻辑与、或、非运算中，它们的优先级关系先后为：比较运算、算术运算、逻辑与或非运算。

1.6　其他常用符号

其他常用符号见表1-4。

表　1-4

符号	MATLAB输入	用　途
逗号	,	分隔变量、表达式、矩阵的列
分号	;	分隔命令行而不显示运行结果，分隔矩阵的行
单引号	' '	定义字符串
冒号	:	x = a: b: c 表示x从a以步长b取值至c
等号	=	变量赋值
百分号	%	命令注释

（续）

符号	MATLAB 输入	用　　途
3 个句点	…	续行
圆括号	( )	区分运算次序
方括号	[ ]	构成矩阵或向量

例 1.1：在 MATLAB 中输入矩阵 $A=\begin{pmatrix}1&2&3\\4&5&6\\7&8&9\end{pmatrix}$。

MATLAB 程序如下：

```
>> A=[1,2,3;4,5,6;7,8,9]  %行与行之间用分号分隔,每行的(列)元素间用逗号分隔。
A =
     1     2     3
     4     5     6
     7     8     9
```

实　训　题

1. 计算表达式$\frac{1996}{18}$的结果。

2. 输入表达式$\frac{2\sin 0.3\pi}{1+\sqrt{5}}$，并运行。

3. 输出矩阵$\begin{pmatrix}1&4&7\\2&5&8\\3&6&9\end{pmatrix}$。

第 2 章　函数的 MATLAB 计算与作图

2.1　基本初等函数的输入

在 MATLAB 中，函数输入的总体原则是将变量整体用括号括起来。如 $\cos 2x^3$ 的 MATLAB 输入为 cos(2 * (x^3))，x^3 本来不需要用括号括起来，但括起来后，运算次序更加清晰。常见初等函数的具体输入方式见表 2-1。

表　2-1

名　称	式子	MATLAB 命令	备　注
幂函数	x^a	x^a	x 括不括都可以
	$\sqrt{x}$	Sqrt(x) 或 x^(1/2)	1/2 必须括起来
指数函数	a^x	a^x	x 括不括都可以
	e^x	exp(x)	不能用 e^x
对数函数	$\ln x$	log(x)	对数函数只有 e、2、10 三个底，其他底的情况需用换底公式：$\log_a b = \dfrac{\log_c b}{\log_c a}$
	$\log_2 x$	log2(x)	
	$\log_{10} x$	log10(x)	
三角函数	$\sin x$，$\cos x$ $\tan x$，$\cot x$ $\sec x$，$\csc x$	sin(x)，cos(x) tan(x)，cot(x) sec(x)，csc(x)	和日常不一样的是需将变量括起来
反三角函数	$\arcsin x$，$\arccos x$ $\arctan x$，$\text{arccot}\, x$ $\text{arcsec}\, x$，$\text{arccsc}\, x$	asin(x)，acos(x) atan(x)，acot(x) asec(x)，acsc(x)	在三角函数输入前加 a

2.2　系统运算与操作函数的输入

在 MATLAB 中，通常以由基本初等函数扩展的数学函数作为处理的对象。此外，MATLAB 系统还设计了具有运算和操作性质方面的函数，它们常作为处理的工具。这类函数常见的有以下几种：

①绝对值函数 $|x|$：abs(x)；

②符号函数 sign x：sign(x)；

③求和函数：sum；

④求积函数：prod；

⑤求最大值：max；

⑥求最小值：min。

2.3　函数值的计算

(1) 数值计算方式

```
>> x = …;        % 输入 x 的数值(不能为字母)
>> y = …         % 输入 y 的表达式(表达式中除 x 外不能有其他字母)
```

例 2.1：设 $y = 3x^2 - \frac{2}{3^x} + \frac{2^x}{3} - 4e^{2x}$，用 MATLAB 计算 y(1) 的值。

MATLAB 程序如下：

```
>> x = 1;
>> y = 3 * (x^2) - 2/(3^x) + (2^x)/3 - 4 * exp(2 * x)
y =
      -26.5562
```

例 2.2：设 $y=\begin{cases}x^2+1, & x<0\\ 2^x-1, & 0<x\leqslant 10\\ 2x+3, & x>10\end{cases}$，用 MATLAB 计算 $y(5)$ 的值。

MATLAB 程序如下：

```
>> x =5 ;
>> if   x <0
y = x^2 +1
elseif   x >0& x < =10   % else 与 if 之间不能空格,否则要用两个 end
y =2^x -1
else
y =2 * x +3
end
y  =
    31
```

（2）符号计算方式

```
>> syms x  其他字母          % 定义 x 和其他字母为符号
>> y = f(x);                 % 输入 y 的表达式
>> subs (y,x,a)              % 计算 x = a 时 y 的值
```

注意：用符号计算时，对数函数只识别以 e 为底的对数。如果要计算在多个点 $x=a_1$，…，$x=a_n$ 处 y 的值，则可用 $[a_1, a_2, \cdots, a_n]$ 替换 a。如果结果"ans ="是以符号形式给出时，输入 double(ans)即可得到数值型结果。

例 2.3：设 $y=3\ln x^2-\log_2 x\cdot\log_{10}\left(\dfrac{3}{x}\right)+\dfrac{1}{2}\log_3(4x)$，用 MATLAB 计算 $y(1)$、$y(2)$ 的值。

MATLAB 程序如下：

```
>> syms x
>> y = 3 * log(x^2) - (log(x)/log(2)) * (log(3/x)/log(10)) + log(4 * x)/(2 * log(3));
>> subs (y,x,[1,2] )
ans =
    0.6309    4.9292
```

例 2.4：设 $y = x^2 - 2ax$，用 MATLAB 计算 $y(a)$、$y(b)$ 的值。

MATLAB 程序如下：

```
>> syms x a b
>> y = x^2 - 2 * a * x;
>> subs (y,x,[a,b] )
ans =
[ -a^2, b^2 - 2 * a * b]
```

这个例子告诉我们，用符号计算方法时，相关式子中的所有字母都要先定义为符号。

2.4　函数的作图

MATLAB 有很强的图形功能，可以方便地实现数据的视觉化。下面着重介绍二维图形的画法。

1. 一般函数 $y = f(x)$ 的作图(二维)

(1) 作图基本形式　二维图形的绘制是 MATLAB 语言图形处理的基础，MATLAB 最常用的画二维图形的命令是 plot，MATLAB 命令格式：

```
>> x = a : c : b        % 输出 x 的范围[a, b]，步长为 c
>> y = f(x);            % 输出 y 的表达式，表达式中的运算
```

符加点

```
>> plot(x, y)          % 画出函数的图像
```

如:

```
>> x = linspace(0, 2 * pi, 30);     % 生成一组线性
                                       等距的数值
>> y = sin(x);
>> plot(x, y)
```

生成的图形如图 2-1 所示，是[0，2π]上 30 个点连成的光滑的正弦曲线。

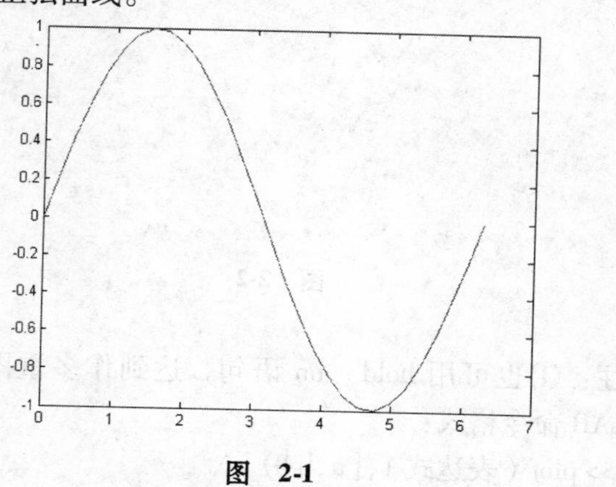

图　2-1

(2) 作多重线　在同一个画面上可以画许多条曲线，只需多给出几个数组，MATLAB 命令程序格式:

```
>> x = a :c :b
>> y1 = f(x); y2 = g(x);
>> plot(x,y1,x,y2)       % 在同一平面画出两个函数的
                            图像
```

如:

```
>> x =0:pi/15:2 * pi;
>> y1 = sin(x)
>> y2 = cos(x);
>> plot(x,y1,x,y2)
```

则可以画出图 2-2。

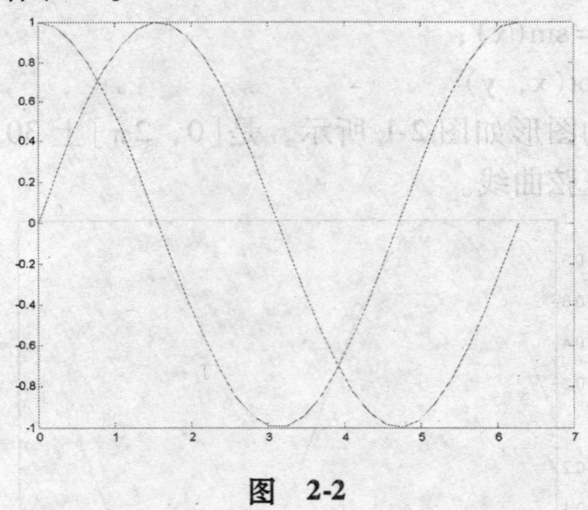

图 2-2

注：①也可用 hold on 语句，达到作多重图的效果，MATLAB 命令格式：

```
>> plot ('表达式 1,[a,b]')
>> hold on
>> plot ('表达式 2,[a,b]')
```

②如果要在一个画布上作 k 个小图，则可用 subplot(m,n,k)，MATLAB 命令格式：

```
>> subplot(m,n,k);
fplot ('表达式 1,[a,b]')
```

即表达式 1 所表示的曲线画在 m 行 n 列第 k 个位置上（从左至右，再从上至下计数）。

(3) 作图的线型和颜色　为了适应各种绘图需要，MATLAB 提供了用于控制线色、数据点和线型的 3 组基本参数。它的使用格式如下：plot(x, y, 'color_ point_ linestyle')，具体参数见表 2-2。

表 2-2

b	蓝色	m	紫红色
c	青色	r	红色
g	绿色	w	白色
k	黑色	y	黄色
—	实线(默认)	:	点连线
—.	点画线	- -	虚线
.	点	s	正方形
+	十字号	d	菱形
o(字母)	圆圈	h	六角形
*	星号	p	五角星
x(字母)	叉号	>	右三角

(4) 作图的网格和标记　在一个图形上可以加网格、标题、x 轴标记、y 轴标记，用下列命令完成这些工作。

```
>> x = linspace(0, 2 * pi, 30); y = sin(x); z = cos(x);
>> plot(x, y, x, z)
>> grid                              % 网格
>> xlabel('横坐标 X')                % 横坐标标签
>> ylabel('纵坐标 Y 和 Z')           % 纵坐标标签
>> title('Sine 和 Cosine 图像')      % 标题
```

注：如果要使图形变得更加美观,也可作一些技巧性的处理。如果限制画布,则需在输入 plot 语句前输入 >> axis([a,b,c, d]),这个命令是将图形限制在[a,b]×[c,d]上,其中 a,b,c,d 必须是数值。

由此生成图 2-3:

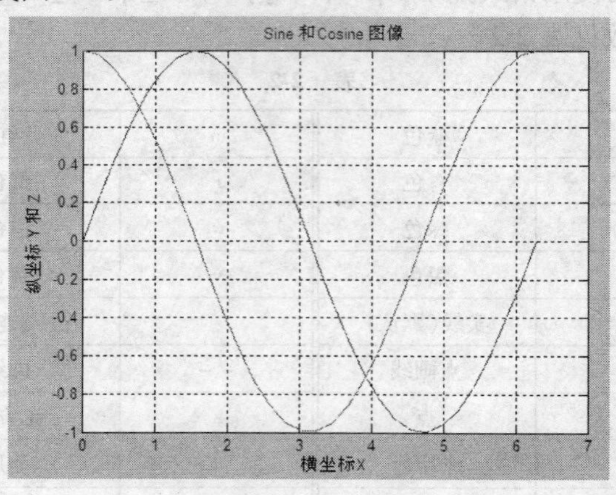

图 2-3

2. 特殊函数的作图

①作参数方程$\begin{cases}x=x(t)\\y=y(t)\end{cases}$的图形，也可以用 plot 命令，其 MATLAB 命令格式：

```
>> t = a:c:b
>> x = f(t); y = g(t);
>> plot (x,y, 'S') % 单引号里为线型和颜色参数,参数可选,默认蓝色
```

例 2.5：作出函数$\begin{cases}x=2\cos t\\y=3\sin t\end{cases}$的图像。

MATLAB 程序如下：

```
>> t = -2 * pi:0.1:2 * pi;
>> x =2. * cos(t);y =3. * sin(t);
>> plot(x,y,'r-.')
```

函数图像如图2-4所示。

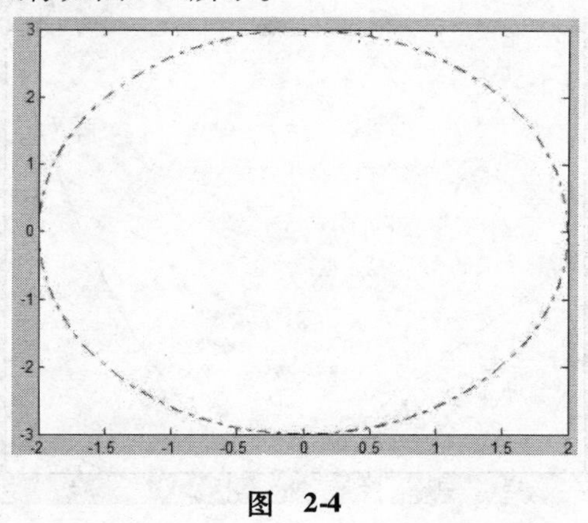

图　2-4

注：由于 $y=f(x)$ 可转变为参数方程 $\begin{cases} x=t \\ y=f(t) \end{cases}$，因此，$y=f(x)$ 也可用此法作图。

②作分段函数的图形，也可以用plot命令，其MATLAB命令格式：

```
>> x1 = a1:c1:b1;x2 = a2:c2:b2;……
>> y1 = ….;y2 = ….;
>> plot (x1,y1,'S1',x2,y2,'S2',….)
```

例2.6：作出 $y=\begin{cases} -x, & x<0 \\ x^2, & x>0 \end{cases}$ 的图像。

MATLAB程序如下：

```
>> x1 = -2:0.1:0 ;x2 =0:0.1:2 ;
>> y1 = -x1 ;y2 = x2.^2 ;
>> plot(x1,y1,x2,y2,'r-')
```

函数图像如图 2-5 所示。

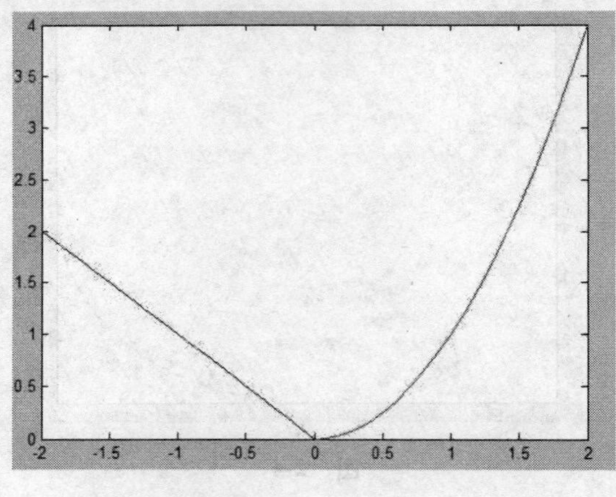

图 2-5

③作一些数据点的散点图:

```
>> x = [...] ;y = [...]
>> plot(x,y,'*')
```

例 2.7:已知表 2-3 组数据是黄河小浪底在 24 个不同时间的调沙量

表 2-3 （单位：t）

时点	1	2	3	4	5	6
调沙量	57.6	114	157.5	187	207	235.2
时点	7	8	9	10	11	12
调沙量	250	265.2	286.2	302.4	312.8	307.4

（续）

时点	13	14	15	16	17	18
调沙量	306.8	300	271.4	231	160	111
时点	19	20	21	22	23	24
调沙量	91	54	45.5	30	8	4.5

根据试验数据建立数学模型，用拟合的方法得出任意时刻排沙量的变化关系。

```
>> x=[1 2 3 4 5 6 7 8 9 10 11 12 13 14 15 16 17 18 19 20 21 22 23 24];
>> y=[57.6 114 157.5 187 207 235.2 250 265.2 286.2 302.4 312.8 307.4 306.8 300 271.4 231 160 111 91 54 45.5 30 8 4.5];
>> plot (x, y, '*')
```

散点图如图 2-6 所示。

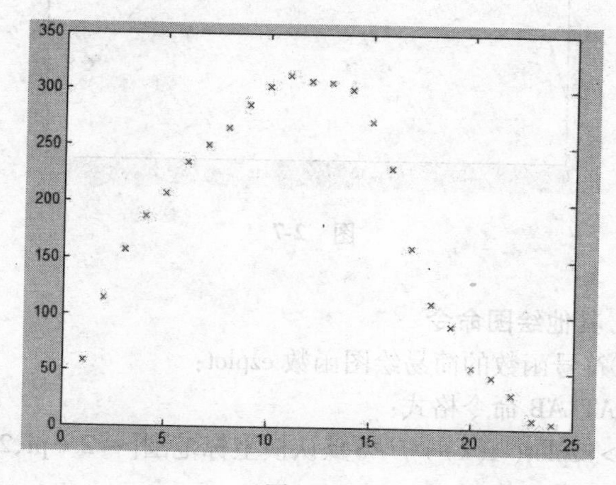

图 2-6

在 2.5 节将讲到多项式回归，如果想将此曲线拟合并在同一画面作图，则需加如下程序：

```
>> polyfit(x, y, 3)          % 拟合数据

ans =

    0.0798   -5.0661   75.6607   -31.5583

>> hold on
>> plot('0.0798 * x^3 - 5.0661 * x^2 + 75.6607 * x - 31.5583',[0, 25], 'r')
```

则得如下散点图和拟合图像(图 2-7)：

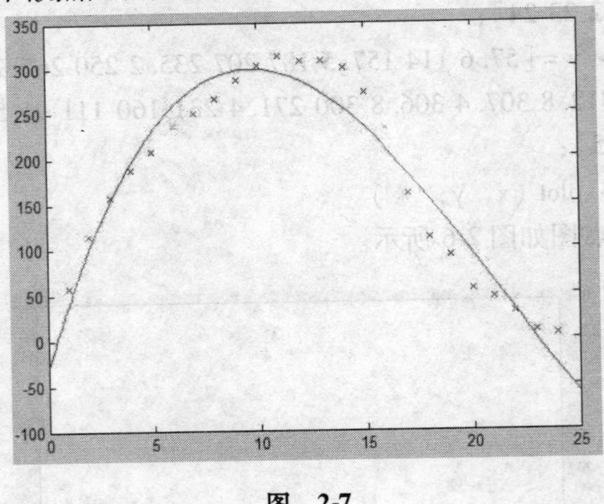

图　2-7

3. 其他绘图命令

①符号函数的简易绘图函数 ezplot：

MATLAB 命令格式：

```
>> ezplot('f(x)')     % 默认横坐标范围[ -2 * pi,2 * pi]
```

或

```
>> syms x y          %定义符号变量
>> y = f(x);
>> ezplot(y)         %默认横坐标范围[ -2 * pi,2 * pi]
```

当然,ezplot(f,[xmin,xmax])可以使用输入参数来代替默认横坐标范围[-2 * pi,2 * pi]。

例 2.8　画出函数 $y = \tan x$ 的图形。

MATLAB 程序如下:

```
>> ezplot ('tan (x) ')
```

函数的图形如图 2-8 所示。

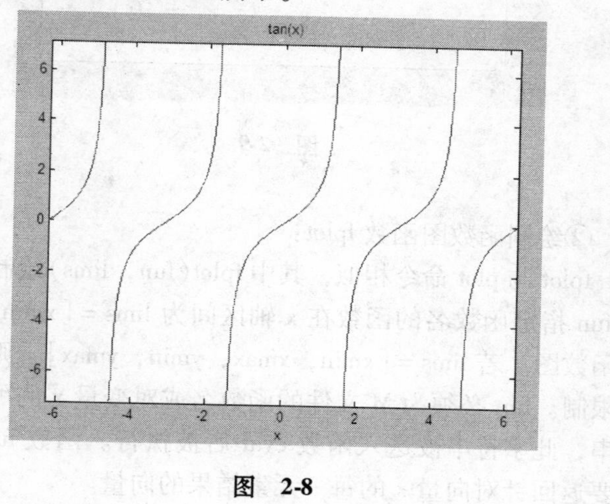

图　2-8

例 2.9:作出 $x^4 + y^4 - 8x^2 - 10y^2 + 16 = 0$ 的图形。

MATLAB 程序如下:

```
>> syms x y
>> F = x^4 + y^4 - 8 * x^2 - 10 * y^2 +16;
>> ezplot(F)
```

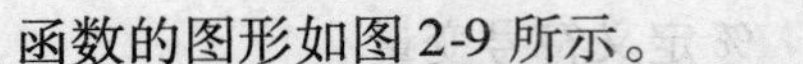

函数的图形如图 2-9 所示。

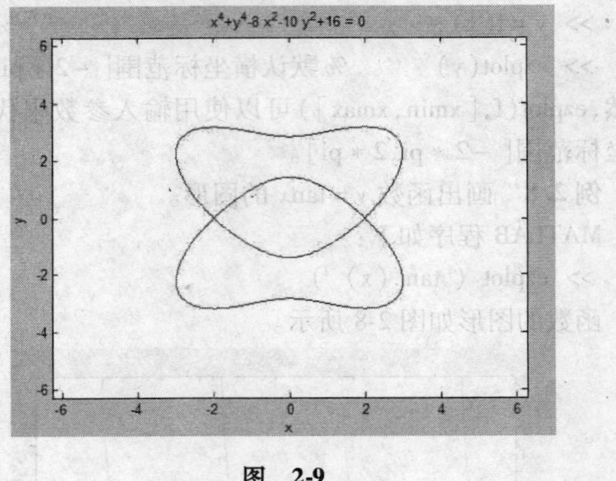

图 2-9

②绘制函数图函数 fplot：

fplot 与 plot 命令相似，其中 fplot(fun，lims)绘制由字符串 fun 指定函数名的函数在 x 轴区间为 lims = [xmin，xmax] 的函数图。若 lims = [xmin，xmax，ymin，ymax]，则 y 轴也被限制。fun 必须为 M 文件的函数名或对变量 x 的可执行字符串，此字符串被送入函数 eval 后被执行。函数 fun(x)必须要返回针对向量 x 的每一元素结果的向量。

例 2.10： 画 $f(x)=\begin{cases} x+1, & x<1 \\ 1+\dfrac{1}{x}, & x\geqslant 1 \end{cases}$ 的图形。

解：（1）首先用 M 文件 fun1. m 定义函数 $f(x)$ 如下：

```
function y = fun1(x);
if x < 1
```

```
    y = x + 1;
  else
    y = 1 + 1./x;
  end
```

（2）在 matlab 命令窗口输入：

```
fplot('fun1',[-3,3])
```

就可画出函数 $f(x)$ 的图形。

这里也可以使用匿名函数，编写程序如下：

```
fun1 = @(x) (x+1)*(x<1)+(1+1/x)*(x>=1);
fplot(fun1,[-3,3])
```

2.5　多项式回归

多项式的回归就是将两组数据用多项式曲线进行拟合，其程序为：

```
>> x = [...];y = [...];    %输入 x 和 y 的数据
>> polyfit(x,y,n)          %n 为多项式的次数
```

例 2.11：某公司 2009 年前 6 个月的销售收入 R(万元)(见表 2-4)，根据该表的数据，在 Excel 中发现，该数据的走势大体接近三次函数，请用 MATLAB 拟合得出该曲线，其中，$t=0$ 对应 1 月。假若这个趋势继续下去，问 2009 年 11 月该公司的销售收入是多少？

表　2-4

月份	1	2	3	4	5	6
销售收入	32.7	36.5	41.1	51.1	66.5	78

解：曲线的拟合程序如下：

```
>> t = [0,1,2,3,4,5],R = [32.7,36.5,41.4,51.5,
```

66.5,78]

```
>> polyfit(t,R,3)
Ans =
      -0.2065    2.9861    -0.6963    33.1444
```

所以，$R(t) = -0.2065t^3 + 2.9861t^2 - 0.6963t + 33.1444$

11 月销售收入实际上对应的是 $t = 10$ 时函数的值。

$$R(10) = -0.2065 \times 10^3 + 2.9861 \times 10^2 - 0.6963 \times 10 + 33.1444 = 118(万元)$$

例 2.12：表 2-5 所列数据是某公司网上电子商务每年收入（单位：百万元）。试利用 MATLAB 建立一个 3 次多项式回归模型 $y = y(t)$，使 $t = 0$ 对应 1997，在[0，4]×[0，20]范围内作出 $y = y(t)$ 的图形，并计算 $t = 0$，1，2，3，4 时收入 $y = y(t)$ 的值。

表 2-5

年份	1997	1998	1999	2000	2001
收入	2.4	5	8	12	17.4

解：（1）首先对数据进行拟合，MATLAB 程序为：

```
>> t=[0,1,2,3,4],R=[2.4,5,8,12,17.4]
>> polyfit(t,R,3)
Ans =
      0.0833    -0.0286    2.5310    2.4029
```

$$y(t) = 0.0833t^3 - 0.0286t^2 + 2.5310t + 2.4029$$

（2）在指定区域作出图像，在 MATLAB 窗口输入如下命令：

```
>> axis(0,4,0,20)
>> t =0 :0.2 :4
>> y =0.0833. *(t.^3) -0.0286. *(t^2) +2.5310. *t +2.4029
>> plot(t,y)
```

于是,得到如图 2-10 所示的回归模型图像。

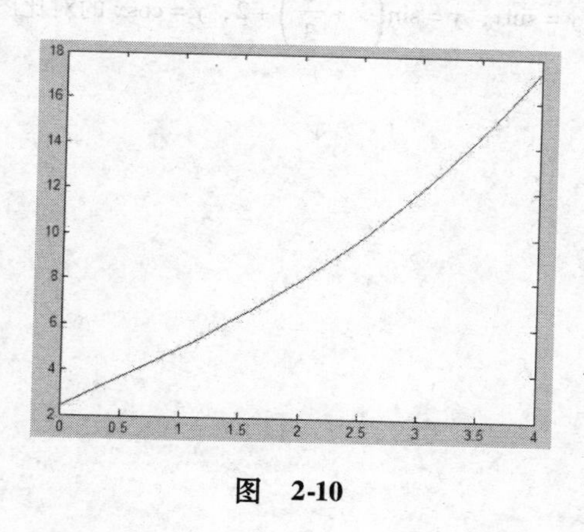

图　2-10

（3）回归验证模型,在 MATLAB 窗口输入如下命令:

```
>> syms t
>> y =0.0833. *(t.^3) -0.0286. *(t^2) +2.5310. *t +2.4029
>> subs (y,t,[0,1,2,3,4])
>> ans =
 2.4029   4.9886   8.0169    11.9876   17.4005
```

实　训　题

1. 已知函数 $f(x)=4x^3-5\sqrt{x}+1$，求 $f(3)$ 的值。

2. 已知函数 $f(x)=x^4-\sqrt[4]{x}+3.45\sin x-2\cos x$，求 $f(3)$ 的值。

3. 画出函数 $y=\tan x$ 的图形。

4. 在区间 $0\leqslant x\leqslant 8$ 绘制 $y=2\mathrm{e}^{-x}\sin x$ 的图形。

5. 画 $f(x)=\begin{cases}x+1, & x<1\\ 1+\dfrac{1}{x}, & x\geqslant 1\end{cases}$ 的图形。

6. 画出 $y=\sin x$，$y=\sin\left(x+\dfrac{\pi}{3}\right)+2$，$y=\cos x$ 的对比图。

第3章　微积分的 MATLAB 计算

3.1　极限的计算

在 MATLAB 符号工具中求极限的指令是 limit，其 MATLAB 命令格式：

```
>> syms  x
>> y = f(x);             % 输入 y 的表达式
>> limit(y, x, a)        % 表示求函数 f 当 x→a 时极限
```

说明：

①limit(f, a)：表示求 f 中的自变量(系统默认的自变量为 x)趋于 a 时的极限。

②limit(f)：表示求 f 中的自变量趋于 0 时的极限。

③limit(f, x, a, 'left')：表示求 f 当 $x\to a$ 时的左极限。

④limit(f, x, a 'right')：表示求 f 当 $x\to a$ 时的右极限。

⑤limit(f, x, inf)：表示求 f 当 $x\to\infty$ 时的极限。

例 3.1：计算 $\lim\limits_{x\to 0}\dfrac{\sin 2x\tan x^2}{x^2 e^{-2x}\ln(1-2x)}$。

解：MATLAB 程序如下：

```
>> syms  x
>> y = sin(2 * x) * tan(x^2)/((x^2) * exp(-2 * x) * log(1-2 * x));
>> limit(y)
ans =
```

−1

例 3.2：计算 $\lim\limits_{x\to-\infty}\left(1+\dfrac{x}{x^2+1}\right)^{2x}$。

解：MATLAB 程序如下：

```
>> syms  x
>> y = (1 + x/(x^2 +1))^(2 * x);
>> limit (y,x, - inf)
  ans  =
  exp(2)
 >> double (ans)     % 双精度型数据类型(精确到小
                       数点后第四位)
ans  =
     7.3891
```

3.2 导数的计算

在 MATLAB 符号工具中求导数的指令是 diff(*y*)，其 MATLAB 命令格式：

```
>> syms  x
>> y = f(x) ;
>> diff(y, x, n)    % 表示求函数 y 的 n 阶导数(n 必
                      须为正整数)
```

说明：

①diff(y)：表示 diff(y, x, 1)，系统默认值。

②上述方法得到的结果是一个 MATLAB 符号表达式，如果想让结果能如通常的数学表达式一样好看一点，则可增加一句：

```
>> pretty (ans)
```

若与计算相关的式子中有其他字母，则必须在第一句的 x 之后全部列出，且用逗号或空格分隔。

③计算 $y^{(n)}$ 在 $x=a$ 的值，只需修改第三句为：

```
>> d = diff (y,x,n),subs (d,x,a)
```

例 3.3：$y=x\sin 2x-e^{3x}$，求 y'。

解：MATLAB 程序如下：

```
>> syms   x
>> y = x * sin(2 * x) - exp(3 * x) ;
>> diff(y)
ans =
sin(2 * x) - 3 * exp(3 * x) + 2 * x * cos(2 * x)
```

例 3.4：$y=x^3\ln x$，求 y'''。

解：MATLAB 程序如下：

```
>> syms   x
>> y = (x^3) * log(x) ;
>> diff(y,x,3)
ans =
6 * log(x) + 11
>> pretty (ans)
6 log(x) + 11
```

例 3.5：$y=e^x\cos 3x$，求 $y'''(0)$。

解：MATLAB 程序如下：

```
>> syms   x
>> y = exp(x) * cos(3 * x) ;
>> A = diff(y,x,3) ;
>> subs (A,x,0)
ans =
```

```
        -26
```

例 3.6：　$y = x\arctan x$，求 $y''(a)$。

解： MATLAB 程序如下：

```
>> syms   x
   >> y = x * atan(x) ;
   >> b = diff(y,x,2) ;
   >> subs (b,x,a)
   ans =
      2/(1 + a^2) - 2 * a^2/(1 + a^2)^2
   >>  pretty (ans)
```

3.3　积分的计算

在 MATLAB 符号工具中求积分(intergration)的指令是 int，其 MATLAB 命令格式：

```
>> syms   x
>> y = f(x) ;
>> int(y,x)              % 求 y 的不定积分
>> int(y,x,a,b)          % 求 y 在[a,b]上的定积分
```

其中，当积分上下限或被积函数中还含有除 x 以外的其他字母时，必须在第一句中的 x 之后列出，且用逗号或空格分隔。

如果想让不定积分的计算结果好看一点，则可修改第三句为：

```
>> I = int (y,x) ,pretty(I)
```

定积分的计算结果是一个符号，要转换为数值需再输入 double (ans)，或修改第四句为：

```
>> J = int (y,x,a,b) ,double (J)
```

例3.7：$y=\frac{x^3}{\sqrt{1+x^2}}$，写出计算$\int y\mathrm{d}x$和$\int_0^1 y\mathrm{d}x$的MATLAB计算程序。

解：MATLAB程序如下：

```
>> syms   x
>> y = (x^3)/sqrt(1 + x^2);
>> int(y,x)
ans =
1/3 * x^2 * (1 + x^2)^(1/2) - 2/3 * (1 + x^2)^(1/2)
>> int(y,x,0,1)
>>  ans =
1/3 *  2^(1/2) + 2/3
>> double(ans)
ans =
0. 1953
```

例3.8：$y=\frac{2x}{1+x^2}$，写出计算$\int_0^1 y\mathrm{d}x$的MATLAB计算程序。

解：MATLAB程序如下：

```
>> syms   x
>> y = (2 * x)/ (1 + x^2) ;
>> J = int(y,x,0,1), double(J)
J = log(2), ans = 0. 6931
```

例3.9：$y=\ln(1+x^2)$，写出计算$\int_a^b y\mathrm{d}x$的MATLAB计算程序。

解：MATLAB程序如下：

```
>> syms   x   a   b
>> y = log(1 + x^2)
>>  int(y,x,a,b)
ans = b * log(1 + b^2) - 2 * b + 2 * atan(b) - a * log(1 +
x^2) + 2 * a - 2 * atan(a)
```

3.4 求函数极值、最值

灵活地运用 MATLAB 的计算功能，再根据极值理论可以很容易求得函数的极值。

例 3.10：求函数 $y = x^3 + 2x^2 - 5x + 1$ 极值。

解题思路一：用 diff 命令求函数导数；

再用 solve 命令求驻点；

再用 plot 命令绘制函数图像，根据图像判断驻点是否为极值点。

MATLAB 程序如下：

```
>>  syms x y
>>  y = x^3 + 2 * x^2 - 5 * x + 1;
>>  dy = diff(y)                  %求导
  dy  =
  3 * x^2 + 4 * x - 5
  >>  solve(dy)                   %求驻点
  ans =
    19^(1/2)/3 - 2/3
  - 19^(1/2)/3 - 2/3
  >> x = double(ans)              %驻点近似双精度取值
x =
    0.7863
```

```
    -2.1196
>> ezplot(y,[-4,2])        %画图
```

图像显示如图3-1所示。

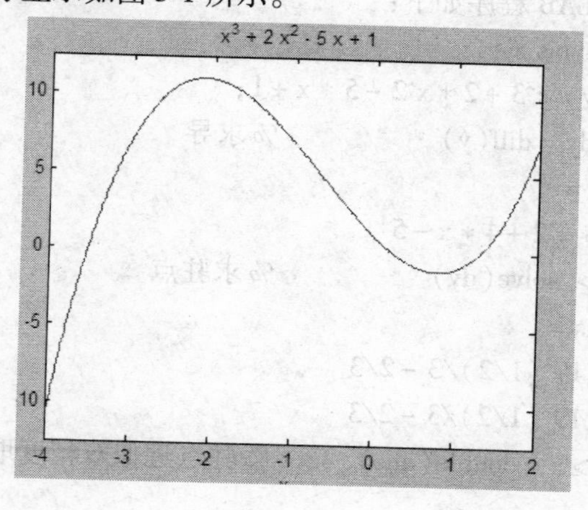

图　3-1

根据图像判断，$x=-2.1196$ 是极大值点，$x=0.7863$ 是极小值点，可以代入原式求极大极小值。

```
>> subs(y,x, 0.78633)
ans =
    -1.2088                    %极小值
>> subs(y,x, -2.1196)
ans =
    11.0607                    %极大值
```

解题思路二：用diff命令求函数导数；

再用solve命令求驻点；

再用diff命令求函数二阶导数；

再用 subs 将驻点代入二阶导数，根据二阶导数的符号判别是否为极值点。

MATLAB 程序如下：

```
>> syms x y
>> y = x^3 + 2 * x^2 - 5 * x + 1;
>> dy = diff(y)                %求导
 dy =
 3 * x^2 + 4 * x - 5
 >> solve(dy)                  %求驻点
 ans =
   19^(1/2)/3 - 2/3
 - 19^(1/2)/3 - 2/3
 >> x = double(ans)            %驻点近似双精度取值
x =
   0.7863
  -2.1196
 >> ddy = diff(dy)             %求二阶导
ddy =
  6 * x + 4
 >> subs(ddy, x, 0.78633)
ans =
   8.7180
 >> subs(ddy, x, -2.1196)
ans =
  -8.7176
```

因为 $x = -2.1196$ 代入二阶导的值为负，所以 $x = -2.1196$是极大值点，$x = 0.7863$ 代入二阶导的值为正，所以 x =0.7863 是极小值点。

例3.11：求 $y=\dfrac{3x^2+4x+4}{x^2+x+1}$的极值。

解：MATLAB 程序如下：

```
>> syms   x   y
>> y = (3 * x^2 +4 * x +4)/( x^2 + x +1);
>> dy = diff(y);                   %求导
>> xz = solve(dy)                  %求驻点
xz =
[0]  [ -2]
>> d2y = diff(y,2);                %求二阶导
>> z1 = subs(d2y,x,0)              %驻点 x =0 代入二阶导
z1 =
-2
>> z2 = subs (d2y,x, -2)  %驻点 x = -2 代入二阶导
z2 =
2/9
```

可知在 $x_1=0$ 处二阶导数的值为 $z_1=-2$，小于0，函数有极大值；在 $x_2=-2$ 处二阶导数的值为 $z_2=2/9$，大于0，函数有极小值。如果需要，可顺便求出极值点处的函数值：

```
>> y1 = subs (y,x,0)
y1 =
4
>> y2 = subs (y,x, -2)
y2 =
8/3
```

事实上，如果知道了一个函数的图形，则它的极值情况

和许多其他特性是一目了然的。而借助 MATLAB 的作图功能，我们很容易做到这一点(图 3-2)。

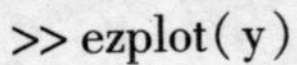

```
>> ezplot(y)
```

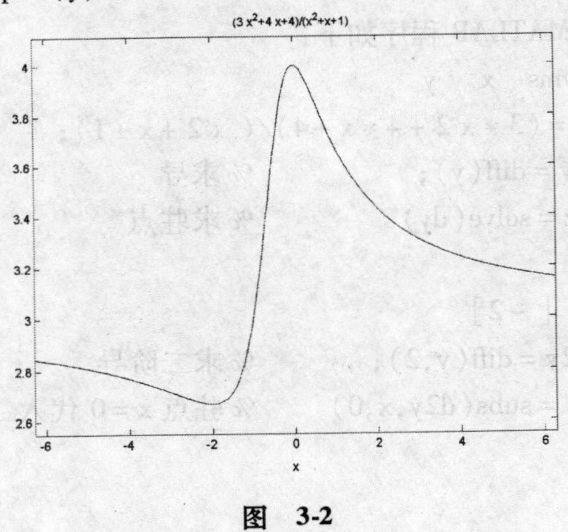

图　3-2

在 MATLAB 的语言中，求函数在给定区间上的最小值命令是：fminbnd，调用格式如下：

```
>>  x = fminbnd(y,x1,x2)
```

说明：y 是函数的符号表达式；fminbnd 仅用于求函数的最小值点，如果要求最大值点，可先将函数变号，求得最小值点，即得到所求函数的最大值点；x1，x2 是变量 x 的取值范围。

例 3.12：求函数 $y = e^{-x} + (x+1)^2$ 在区间[−3，3]内的最小值。

解：MATLAB 程序如下：

```
>>  x = fminbnd('exp( -x) + (x +1)^2', -3,3)
```

```
x =
   -0.3149
>> y = subs('exp(-x) + (x+1)^2',x,-0.3149)
y =
   1.8395
```

所以最小值为1.8395

实　训　题

1. 求极限：

(1) $\lim\limits_{x\to 0}\dfrac{\sin 2x}{x}$　　(2) $\lim\limits_{x\to 1}\left(\dfrac{1}{x-1}-\dfrac{2}{x^2-1}\right)$

(3) $\lim\limits_{x\to\infty}\left(\dfrac{2x+1}{2x-1}\right)^{x+1}$　　(4) $\lim\limits_{x\to 0^-}\dfrac{1}{x}$

(5) $\lim\limits_{x\to 0}\dfrac{1}{\sin x}$

2. 设 $y=\left(\dfrac{3x^2-x+1}{2x^2+x+1}\right)^{\frac{x^3}{1-x}}$，求极限 $\lim\limits_{x\to 0}y$。

3. 求函数的导数：(1) $y=xe^{x^2}$　　(2) $y=\cos\sqrt{x}$

(3) $y=e^{-3x}\tan 2x$　　(4) $y=\dfrac{\ln x}{x^2}$

4. 求不定积分：(1) $\int e^x\sin^2 x\mathrm{d}x$　　(2) $\int(\sqrt{x}+x)\ln x\mathrm{d}x$

(3) $\int\dfrac{1+\sin x}{1+\cos x}e^x\mathrm{d}x$

5. 求定积分：(1) $\int_0^1(3x-5)\arccos x\mathrm{d}x$　(2) $\int_0^{\frac{\pi}{2}}\sqrt{1-\sin 2x}\mathrm{d}x$

6. 讨论函数 $f(x)=x^2e^{-x}$ 极值。

7. 求函数 $y=x^4-2x^2+5$ 在区间[−2, 2]内的最小值。

第4章 用MATLAB解常微分方程(组)

用MATLAB软件解常微分方程(组)有两种方式，一种是符号求解，这样求得的通常是方程的解析解，另一种是数值求解，这是一种通过近似计算而得到近似解的方式。能采用符号求解的常微分方程(组)的范围十分有限，通常仅限于常系数的线性常微分方程(组)，以及少数的变系数微分方程(组)。对于更广泛的非线性微分方程(组)，一般很难得到其解析解，通常采用的是数值求解方式。微积分学习过程中，所遇到的微分方程一般都能求得其解析解，因此，下面仅考察常微分方程(组)的符号求解。

常微分方程(组)常用的符号求解命令是dsolve，求解的MATLAB命令格式如下：

>>[y1，...，yn]=dsolve('方程1，……，方程n'，'条件1，…，条件m'，'var')

程序输入注意事项如下：

①m、n必须是有限数，不能为字母；

②$y1$，...，yn是待求的未知函数变量，n为1时，可用[y]或y直接替换[$y1$，...，yn]；

③方程中的$y^{(n)}$输入为Dny，且D必须大写；

④条件中$y(a)=b$和$y^{(k)}(c)=d$的输入分别为$y(a)=b$和D$ky(c)=d$(D必须大写)；

⑤条件1，……，条件m'默认其程序是在求微分方程

(组)的通解;

⑥var为指定的自变量字母，默认所求得的解的表达式中的自变量为t。

如，求$y''-y'=\sin x$的通解，在MATLAB命令窗口输入

```
>> dsolve('D2y - Dy = sin(x)')
ans =
C1 - sin(x) + C2 * exp(t) - t * sin(x)
```

不难看出,在求解过程中,sinx被当做了常数,这显然不是我们所要求的结果。指定var为x,在MATLAB命令窗口输入

```
>> dsolve('D2y - Dy = sin(x)','x')
ans =
C3 + cos(x)/2 - sin(x)/2 + C4 * exp(x)
```

才是正确的结果。

例4.1：求方程$yy''+(y')^2=0$的通解。

解：MATLAB程序如下：

```
>> y = dsolve('y  * D2y -(Dy)^2 =0','x')
y =
          C3
C1 * exp(C2 * x)
```

即方程的通解为:$y=C_1e^{C_2x}$或$y=C_3$。

注意:$y=C_3$只含有一个任意常数,称为奇解。因此,方程的通解为$y=C_1e^{C_2x}$。

例4.2:求方程$2x^2yy'+y^2=2$的通解。

解:MATLAB程序如下:

```
>> y = dsolve('2 * (x^2) * y * Dy + y^2 =2','x')
y =
```

```
                 2^(1/2)
                -2^(1/2)
    (exp(C1 + 1/x) + 2)^(1/2)
   -(exp(C1 + 1/x) + 2)^(1/2)
```

即方程的通解为：$y^2 = 2 + Ce^{1/x}$

例 4.3：求方程 $y'' + y' - 2y = x$ 满足条件 $y(0) = 4$，$y'(0) = 1$的特解。

解：MATLAB 程序如下：

```
>> y = dsolve('D2y + Dy - 2 * y = x','y(0) = 4,Dy(0) = 1','x')

       y =
11/(12 * exp(2 * x)) - x/2 + (10 * exp(x))/3 - 1/4
```

即方程的特解为：$y = -\frac{1}{4} - \frac{1}{2}x + \frac{10}{3}e^x + \frac{11}{12}e^{-2x}$.

实　训　题

1. 求微分方程 $y' = 1 + y^2$ 的通解。
2. 求常微分方程 $x^2 + y + (x - 2y)y' = 0$ 的通解。

第5章　矩阵运算的 MATLAB 实现

5.1　矩阵的输入

矩阵的输入程序格式为：

>> 矩阵名 = [第1行;…;第n行]

具体规则如下：

①矩阵的元素置于方括号之中；

②行与行之间用分号或回车符分隔；

③同行元素之间用逗号或空格分隔。

MATLAB 软件关于矩阵的输入有数字矩阵和符号矩阵之分，数字矩阵按规则直接输入，符号矩阵在按规则输入前，必须先将矩阵中的字母定义为符号。

例5.1：写出输入矩阵 $\boldsymbol{A}=\begin{pmatrix}1&2&3\\4&5&6\\7&8&9\end{pmatrix}$ 的 MATLAB 命令。

解：矩阵 ***A*** 的 MATLAB 程序可以有如下三种输入法：

① >> A = [1,2,3;4,5,6;7,8,9]

② >> A = [1 2 3;4 5 6;7 8 9]

③ >> A = [1 2 3
4 5 6
7 8 9]

运行结果：

```
A =1   2   3
   4   5   6
   7   8   9
```

例 5.2：写出输入矩阵 $\boldsymbol{A}=\begin{pmatrix}1 & 2 & 3\\ a & 0 & b\\ -1 & c & 2\end{pmatrix}$ 的 MATLAB 命令。

解：MATLAB 程序如下：

```
>> syms   a   b   c
>> A = [1 2 3;a 0 b; -1 c 2]
   A = [1 ,2 ,3]
       [a ,0 ,b]
       [ -1 ,c ,2]
```

5.2 矩阵的运算

设 $\boldsymbol{A}$、$\boldsymbol{B}$ 是两个同阶矩阵

```
>> A + B          % 矩阵的加法
>> A - B          % 矩阵的减法
>> A * B          % 矩阵的乘法
>> A. * B         % 数组的乘法——对应行列位置
                    上的元素相乘
>> A\B            %  A^-1 B
>> A/B            %  AB^-1
>> A'             % A 的转置
>> inv(A)         % A 的逆 A^-1
>> det(A_n)       % n 阶矩阵 A_n 的行列式
>> rref(A)        % 将 A 化为行阶梯形
```

```
>> [P,Q] = eig(A)    % 求 n 阶矩阵的特征值 Q 和特征向量 P
```

例 5.3：求矩阵 $\boldsymbol{A}=\begin{pmatrix}1&2&3\\4&2&1\\2&1&3\end{pmatrix}$ 的行列式值、特征值和特征向量。

解：MATLAB 程序如下：

①求行列式的值：

```
>> A = [1,2,3;4,2,1;2,1,3];
>> det(A)
Ans =
        -15
```

②求特征向量和特征值：

```
>>  A = [1,2,3;4,2,1;2,1,3]
    >> [P,Q] = eig (A)
P = -0.5495    -0.6894    -0.0186
    -0.6420     0.7102    -0.8331
    -0.5347     0.1428     0.5528
  Q = 6.2561        0          0
      0        -1.6818         0
      0             0     1.4257
```

即特征值 Q1 = 6.2561、Q2 = -1.6818、Q3 = 1.4257，其对应的特征向量分别为：

$$\begin{pmatrix}-0.5495\\-0.6420\\-0.5347\end{pmatrix},\begin{pmatrix}-0.6894\\0.7102\\0.1428\end{pmatrix},\begin{pmatrix}-0.0186\\-0.8331\\0.5528\end{pmatrix}$$

例5.4：求矩阵 $\boldsymbol{A}=\begin{pmatrix}1&2&3&1&2\\4&2&1&5&3\\2&1&3&1&2\\2&4&6&2&4\end{pmatrix}$ 阶梯矩阵。

解：MATLAB程序如下：

```
>> A = [1,2,3,1,2;4,2,1,5,3;2,1,3,1,2 ;2,4,6,2,4]
>> rref(A)
ans =1    0    0    0.9333    0.4667
     0    1    0    0.9333    0.4667
     0    0    1   -0.6000    0.2000
     0    0    0      0         0
```

实　训　题

1. 输出矩阵 $\boldsymbol{A}=\begin{pmatrix}1&2&3\\4&5&6\\7&8&9\end{pmatrix}$。

2. 设 $\boldsymbol{A}=\begin{pmatrix}2&1&3\\3&4&2\end{pmatrix}$，$\boldsymbol{B}=\begin{pmatrix}4&2&5\\2&-3&4\end{pmatrix}$，求(1) $\boldsymbol{A}+\boldsymbol{B}$；(2) $\boldsymbol{A}-\boldsymbol{B}$。

3. 设 $\boldsymbol{A}=\begin{pmatrix}2&-1&0\\3&1&-2\end{pmatrix}$，$\boldsymbol{B}=\begin{pmatrix}1&-3\\2&1\\-5&0\end{pmatrix}$，求(1) $2\boldsymbol{A}$；(2) $\boldsymbol{AB}$。

4. 设 $\boldsymbol{A}=\begin{pmatrix}2&1&0\\0&1&-3\\1&0&2\end{pmatrix}$，求 (1) $\boldsymbol{A}^{-1}$；(2) $\boldsymbol{A}'$；(3) $\boldsymbol{A}^2$；(4) 求

矩阵$\boldsymbol{A}$的秩。

5. 设$\boldsymbol{A}$和$\boldsymbol{B}$是满足关系式$\boldsymbol{AB}=\boldsymbol{A}+2\boldsymbol{B}$的矩阵，其中$\boldsymbol{A}=\begin{pmatrix} 4 & 2 & 3 \\ 1 & 1 & 0 \\ -1 & 2 & 3 \end{pmatrix}$，求矩阵$\boldsymbol{B}$。

第6章　用 MATLAB 求解线性方程组

6.1　求解单个代数方程

格式：solve (f,t)

功能：对变量 t 解方程 $f=0$，t 默认为 x 或最接近字母 x 的符号变量。

如：求解一元二次方程 $y=ax^2+bx+c$ 的实根。

```
>> syms a   b   c   x
>> f = a * x^2 + b * x + c;
>> solve (f,x)
ans =
      [1/2/a * ( - b + (b^2 - 4 * a * c)^ (1/2))]
      [1/2/a * ( - b - (b^2 - 4 * a * c)^ (1/2))]
```

如果想对非默认 x 变量求解，solve 必须指定变量。

```
>> solve( 'a * x^2 + b * x + c ', 'b ')   % 求解 b
ans =
   - (a * x^2 + c)/x
```

带有等号的符号方程也可以求解,如:

```
>> f = solve( 'cos(x) = sin(x) ')
f =
      1/4 * pi
>> t = solve( 'tan(2 * x) = sin(x) ')
```

```
t =
        [                            0]
        [acos(1/2 + 1/2 * 3^(1/2))]
        [acos(1/2 - 1/2 * 3^(1/2))]
```

并得到数值解。

```
>> numeric(f)    & 数量化
ans =
    0.7854

>> numeric(t)
ans =
    0
    0 +0.8314i
    1.9455
```

6.2　求解线性方程组

线性方程组的求解分为两类：一类是方程组求唯一解或求特解，另一类是方程组求无穷解(即通解)。可以通过系数矩阵的秩来判断：

若系数矩阵的秩 $r = n$(n 为方程组中未知变量的个数)，则有唯一解；

若系数矩阵的秩 $r < n$，则可能有无穷解；

线性方程组的无穷解 = 对应齐次方程组的通解 + 非齐次方程组的一个特解；其特解的求法属于解的第一类问题，通解部分属第二类问题。

1. 求线性方程组的唯一解或特解(第一类问题)

利用矩阵除法求线性方程组的特解(或一个解)

方程：$AX = b$

解法：$X = A \backslash b$

例 6.1：求方程组
$$\begin{cases} 5x_1 + 6x_2 = 1 \\ x_1 + 5x_2 + 6x_3 = 0 \\ x_2 + 5x_3 + 6x_4 = 0 \\ x_3 + 5x_4 + 6x_5 = 0 \\ x_4 + 5x_5 = 1 \end{cases}$$
的解。

解：MATLAB 程序如下：

```
>> A = [5   6   0   0   0
        1   5   6   0   0
        0   1   5   6   0
        0   0   1   5   6
        0   0   0   1   5];
>> B = [1 0 0 0 1]';
>> R_A = rank(A)      %求秩
>> X = A\B            %求解
```

运行后结果如下：

```
R_A =
     5
X =
     2.2662
    -1.7218
     1.0571
    -0.5940
     0.3188
```

这就是方程组的解。

或用函数 rref 求解：

```
>> C = [A,B]      % 由系数矩阵和常数列构成增广矩阵 C
>> R = rref(C)    % 将 C 化成行最简形
R =
    1.0000         0         0         0         0    2.2662
         0    1.0000         0         0         0   -1.7218
         0         0    1.0000         0         0    1.0571
         0         0         0    1.0000         0   -0.5940
         0         0         0         0    1.0000    0.3188
```

则 $\boldsymbol{R}$ 的最后一列元素就是所求解。

例 6.2：求方程组 $\begin{cases} x_1 + x_2 - 3x_3 - x_4 = 1 \\ 3x_1 - x_2 - 3x_3 + 4x_4 = 4 \\ x_1 + 5x_2 - 9x_3 - 8x_4 = 0 \end{cases}$ 的一个特解。

解：MATLAB 程序如下：

```
>> A = [1 1 -3 -1;3 -1 -3 4;1 5 -9 -8];
>> B = [1  4  0]';
>> X = A\B    % 由于系数矩阵不满秩，该解法可能存在误差。
X = [ 0  0  -0.5333  0.6000]'(一个特解近似值)。
```

若用 rref 求解，则比较精确：

```
>> A = [1 1 -3 -1;3 -1 -3 4;1 5 -9 -8];
B = [1  4  0]';
>> C = [A,B];       % 构成增广矩阵
>> R = rref(C)
R =
    1.0000         0   -1.5000    0.7500    1.2500
         0    1.0000   -1.5000   -1.7500   -0.2500
```

```
    0         0         0         0         0
```

由此得解向量 $\boldsymbol{X}=[1.2500\quad -0.2500\quad 0\quad 0]'$（一个特解）。

2. 求线性齐次方程组的通解

在 MATLAB 中，函数 null 用来求解零空间，即满足 $\boldsymbol{A}\cdot\boldsymbol{X}=0$ 的解空间，实际上是求出解空间的一组基（基础解系）。

格式　Z = null　　　%Z 的列向量为方程组的正交规范基，满足 Z′×Z = I

Z = null(A, 'r')　　%Z 的列向量是方程 AX = 0 的有理基

例 6.3：求方程组的通解：$\begin{cases} x_1+2x_2+2x_3+x_4=0 \\ 2x_1+x_2-2x_3-2x_4=0 \\ x_1-x_2-4x_3-3x_4=0 \end{cases}$

解：MATLAB 程序如下：

```
>> A = [1  2  2  1;2  1  -2  -2;1  -1  -4  -3];
>> format  rat   % 指定有理式格式输出
>> B = null(A,'r')        % 求解空间的有理基
```

运行后显示结果如下：

```
B =
      2          5/3
     -2         -4/3
      1          0
      0          1
```

或通过行最简形得到基：

```
>>  B = rref(A)
B =
```

```
1.0000         0   -2.0000   -1.6667
     0    1.0000    2.0000    1.3333
     0         0         0         0
```

即可写出其基础解系(与上面结果一致)。

写出通解:

```
syms  k1  k2
X = k1 * B(:,1) + k2 * B(:,2)        % 写出方程组的通解
pretty(X)        % 让通解表达式更加精美
```

运行后结果如下:

```
X =
[   2 * k1 +5/3 * k2]
[-2 * k1 -4/3 * k2]
[                  k1]
[                  k2]
% 下面是其简化形式:
    [2k1 +5/3k2 ]
    [              ]
    [ -2k1 -4/3k2]
    [              ]
    [      k1      ]
    [              ]
    [      k2      ]
```

3. 求非齐次线性方程组的通解

非齐次线性方程组需要先判断方程组是否有解，若有解，再去求通解。

因此，步骤为:

第一步：判断 $AX=b$ 是否有解，若有解则进行第二步。

第二步：求 $\boldsymbol{AX}=\boldsymbol{b}$ 的一个特解。

第三步：求 $\boldsymbol{AX}=0$ 的通解。

第四步：$\boldsymbol{AX}=\boldsymbol{b}$ 的通解 $=\boldsymbol{AX}=0$ 的通解 $+\boldsymbol{AX}=\boldsymbol{b}$ 的一个特解。

例 6.4：求解方程组 $\begin{cases} x_1-2x_2+3x_3-x_4=1 \\ 3x_1-x_2+5x_3-3x_4=2 \\ 2x_1+x_2+2x_3-2x_4=3 \end{cases}$

解：MATLAB 程序如下：

在 MATLAB 中建立 M 文件如下：

```
A=[1   -2   3   -1;3   -1   5   -3;2   1   2   -2];
    b=[1   2   3]';
B=[A b];
n=4;
R_A=rank(A)
R_B=rank(B)
format rat
if R_A==R_B&R_A==n              %判断有唯一解
   X=A\b
elseif R_A==R_B&R_A<n           %判断有无穷解
   X=A\b                        %求特解
   C=null(A,'r')                %求AX=0的基础解系
else X='equition no solve'      %判断无解
end
```

运行后结果显示：

```
R_A =

     2

R_B =
```

```
    3
X =
equition no solve
```

说明 该方程组无解

例6.5：求方程组的通解：$\begin{cases} x_1 + x_2 - 3x_3 - x_4 = 1 \\ 3x_1 - x_2 - 3x_3 + 4x_4 = 4 \\ x_1 + 5x_2 - 9x_3 - 8x_4 = 0 \end{cases}$

解法一：在MATLAB编辑器中建立M文件如下：

```
A = [1  1   -3   -1;3   -1   -3  4;1  5   -9   -8];
b = [1 4 0]';
B = [A b];
n = 4;
R_A = rank(A)
R_B = rank(B)
format rat
if R_A = = R_B&R_A = = n
   X = A\b
elseif R_A = = R_B&R_A < n
   X = A\b
   C = null(A,'r')
else X = 'Equation has no solves'
end
```

运行后结果显示为：

```
R_A =
        2
R_B =
        2
```

Warning：Rank deficient，rank = 2　tol =　8.8373e - 015.

```
> In D:\Matlab\pujun\lx0723.m at line 11
X =
    0
    0
   -8/15
    3/5
C =
    3/2          -3/4
    3/2           7/4
    1             0
    0             1
```

所以原方程组的通解为 $\boldsymbol{X} = k_1\begin{pmatrix}3/2\\3/2\\1\\0\end{pmatrix} + k_2\begin{pmatrix}-3/4\\7/4\\0\\1\end{pmatrix} + \begin{pmatrix}0\\0\\-8/15\\3/5\end{pmatrix}$

解法二：用rref求解

```
A = [1  1  -3  -1; 3  -1  -3  4; 1  5  -9  -8];
b = [1 4 0]';
B = [A b];
C = rref(B)      %求增广矩阵的行最简形，可得最简同解方程组。
```

运行后结果显示为：

```
C =
     1      0     -3/2     3/4     5/4
     0      1     -3/2    -7/4    -1/4
     0      0      0       0       0
```

对应齐次方程组的基础解系为：$\xi_1 = \begin{pmatrix} 3/2 \\ 3/2 \\ 1 \\ 0 \end{pmatrix}$，$\xi_2 = \begin{pmatrix} -3/4 \\ 7/4 \\ 0 \\ 1 \end{pmatrix}$，

非齐次方程组的特解为：$\boldsymbol{\eta}^* = \begin{pmatrix} 5/4 \\ -1/4 \\ 0 \\ 0 \end{pmatrix}$，所以，原方程组的

通解为：$\boldsymbol{X} = k_1\xi_1 + k_2\xi_2 + \boldsymbol{\eta}^*$。

实　训　题

1. 求方程组的通解：

$$\begin{cases} x_1 + 2x_2 + 2x_3 + x_4 = 0 \\ 2x_1 + x_2 - 2x_3 - 2x_4 = 0 \\ x_1 - x_2 - 4x_3 - 3x_4 = 0 \end{cases}$$

2. 求非齐次方程组的解：

$$\begin{cases} 2x_1 + 4x_2 = 11 \\ 3x_1 - 5x_2 = 3 \\ x_1 + 2x_2 = 6 \\ 2x_1 + x_2 = 7 \end{cases}$$

3. 用最小二乘法解方程组：

$$\begin{cases} x_1 + x_2 = 1 \\ x_1 + x_3 = 2 \\ x_1 + x_2 + x_3 = 0 \\ x_1 + 2x_2 - x_3 = -1 \end{cases}$$

4. 求解方程组：

$$\begin{cases} x_1 - x_2 - x_3 + x_4 = 0 \\ x_1 - x_2 + x_3 - 3x_4 = 1 \\ x_1 - x_2 - 2x_3 + x_4 = -1/2 \end{cases}$$

5. 求解方程组：

$$\begin{cases} 2x_1 + x_2 - 5x_3 + x_4 = 8 \\ x_1 - 3x_2 - 6x_4 = 9 \\ 2x_2 - x_3 + 2x_4 = -5 \\ x_1 + 4x_2 - 7x_3 + 6x_4 = 0 \end{cases}$$

6. 求方程组的解：

$$\begin{cases} x_1 + x_2 - 3x_3 - x_4 = 1 \\ 3x_1 - x_2 - 3x_3 + 4x_4 = 4 \\ x_1 + 5x_2 - 9x_3 - 8x_4 = 0 \end{cases}$$

7. 设有线性方程组：

$$\begin{cases} (1+\lambda)x_1 + x_2 + x_3 = 0 \\ x_1 + (1+\lambda)x_2 + x_3 = 3 \\ x_1 + x_2 + (1+\lambda)x_3 = \lambda \end{cases}$$

则 λ 取何值时，此方程组有唯一解？

第7章　用MATLAB解线性规划问题

MATLAB只能解min$Z$类的线性规划问题，对于max$Z$类的线性规划问题，可令$f=-Z$，化为求min$f$问题。此外，不等式约束中的“≥”需在不等式两边同乘以-1，将其化为“≤”后再确定矩阵A和b。

通常当x_i为非负连续且变量个数较多时，可用MATLAB解线性规划问题，其程序如下：

```
>> f = [ …… ]                          % 输入目标函数的系数矩阵
>> A = [ …… ], b = [ …… ]              % 输入不等式约束的系数矩阵和常数项列向量
>> Aeq = [ …… ], beq = [ …… ]          % 输入等式约束的系数矩阵和常数项列向量
>> lb = [ …… ], ub = [ …… ]            % 输入决策变量的下、上界列向量
>> [ x, fval ] = linprog (f, A, b, Aeq, beq, lb, ub)
```

其中，(f, A, b, Aeq, beq, lb, ub)中元素的次序不能颠倒，若某个元素省略，则该元素用[ ]代替。但当它后面的所有元素也省略时该元素也可省略。

例7.1：解线性规划问题：

$$\max Z = 0.6x_1 + 0.4x_2 + 0.32x_3 + 0.48x_4$$

$$s.t.\begin{cases} x_1 - x_2 - x_3 - x_4 \leqslant 0 \\ x_2 + x_3 - x_4 \geqslant 0 \\ x_1 + x_2 + x_3 + x_4 = 1 \\ x_1 \cdot x_2 \cdot x_3 \cdot x_4 \geqslant 0 \end{cases}$$

解：令 $f = -Z$，并将约束条件中的"≥"化为"≤"，从而 MATLAB 程序如下：

```
>> f = -[0.6,0.4,0.32,0.48]
>> A = [1, -1, -1, -1 ; 0, -1, -1,1 ],b = [ 0 ; 0 ]
>> Aeq = [1,1,1,1 ],beq = [ 1 ]
>> lb = [ 0 ; 0 ; 0 ; 0]
>> [ x,fva ] = linprog (f,A,b,Aeq,beq,lb)
  x =0.5000
     0.2500
     0.0000
     0.2500
     fval = -0.5200
```

注意：ub 省略，但后面没有元素了，因此，不必用"[ ]"代替。

例 7.2：某工厂生产 A、B 两种产品，见表 7-1。已知生产 1kg 的 A 产品，耗煤 9t、耗电 4kW · h、用劳力 3 个工、利润为 500 元；生产 1kg 的 B 产品，耗煤 4t、耗电 5kW · h、用劳力 10 个工、利润为 900 元。若可提供的资源数量为：煤 360t、电 200kW · h、劳力 300 个工。问应如何安排生产量，能使生产 A、B 产品的总利润为最大？

解：设 A、B 两种产品的生产量分别为 x_1 和 $x_2$kg，则

其耗煤量为 $9x_1+4x_2$(t)；耗电量为 $4x_1+5x_2$(kW·h)；用劳力为 $3x_1+10x_2$(个工)，总利润为 $Z=500x_1+900x_2$ 元。

表 7-1

消耗 \ 产品	A	B	可供资源
煤/t	9	4	360
电/kW·h	4	5	200
劳力/个工	3	10	300
利润/元	500	900	

因为问题的目标是使总利润为最大，约束条件是只能提供煤 360t、电力 200kW·h 和劳动力 300 个工，转换成数学式子即为线性规划模型：

$$\max Z=500x_1+900x_2$$

$$s.\,t.\begin{cases}9x_1+4x_2\leqslant 360\\4x_1+5x_2\leqslant 200\\3x_1+10x_2\leqslant 300\\x_1,x_2\geqslant 0\end{cases}$$

用矩阵表示为：

$$\max Z=(500,\ 900)X$$

$$s.\,t.\begin{cases}\boldsymbol{AX}\leqslant \boldsymbol{b}\\x_1,\ x_2\geqslant 0\end{cases}$$

其中 $\boldsymbol{A}=\begin{pmatrix}9&4\\4&5\\3&10\end{pmatrix}$，$\boldsymbol{b}=\begin{pmatrix}360\\200\\300\end{pmatrix}$，$\boldsymbol{X}=\begin{pmatrix}x_1\\x_2\end{pmatrix}$。

MATLAB 程序如下：

```
>> f = -[500,900 ]
```

```
>> A =[9,4 ; 4,5 ; 3,10 ],[360 ; 200 ; 300 ]
>> lb =[ 0 ; 0 ]
>> [x,fval ] = linprog ( f,A,b,[ ],[ ],lb )
x =20. 0000
   24. 0000
fval = -3. 1600e +0. 04
```

注意：aeq 和 beq 省略，但 lb 存在，因此，应以“[ ]”和“[ ]”代替。

实 训 题

1. 求解线性规划问题：

$$\min z = -2x_1 - x_2 + x_3,$$

$$s.t.\begin{cases} x_1 + x_2 + 2x_3 = 6 \\ x_1 + 4x_2 - x_3 \leqslant 4 \\ 2x_1 - 2x_2 + x_3 \leqslant 12 \\ x_1 \geqslant 0,\ x_2 \geqslant 0,\ x_3 \leqslant 5 \end{cases}$$

2. 求下面的规划问题：

$$\min \quad -5x_1 - 4x_2 - 6x_3$$

$$\text{sub. to} \quad \begin{array}{l} x_1 - x_2 + x_3 \leqslant 20 \\ 3x_1 + 2x_2 + 4x_3 \leqslant 42 \\ 3x_1 + 2x_2 \leqslant 30 \\ 0 \leqslant x_1,\ 0 \leqslant x_2,\ 0 \leqslant x_3 \end{array}$$

第8章　概率问题的 MATLAB 计算

8.1　常见分布的 MATLAB 名称(表8-1)

表　8-1

	分布名称	MATLAB 名称
离散型	二项分布 泊松分布 几何分布 超几何分布	bino poiss geo hygo
连续型	均匀分布 指数分布 正态分布 T 分布 F 分布 Γ 分布 β 分布 χ^2 分布	unif exp norm t f gam beta chi2

注：表中的分布名称取自英文单词的前几个字母。

8.2　离散随机变量概率的计算

概率 $P(X=k)$ 程序格式：

```
>> name pdf(k, A1, A2, A3)
```

或
```
>> pdf('name', k, A1, A2, A3)
```

其中，name 为表8-1 的 MATLAB 名称，参数(k，A1，

A2，A3)设置见表 8-2。

表　8-2

分布名	语句	参数设置
二项分布	binopdf	(x, n, p)
泊松分布	poisspdf	(x, λ)
几何分布	geoodf	(x, p)
超几何分布	hygepdf	(x, N, M, k)

例 8.1：若 $X \backsim B(3, 0.05)$，$Y \backsim P(0.1)$，求 $P(X=2)$，$P(Y=2)$。

解：MATLAB 程序如下

```
>> Px = binopdf(2,3,0.05)
Px =
    0.0071
>>  Py = poisspdf(2,0.1)
  Py =
     0.0045
```

注：如果 name 是连续随机变量的 MATLAB 名称，则 name pdf(k，a1，a2，a3)所计算的是相应的密度函数 $f(x)$ 在 $x=k$ 时的值，是函数值而不是概率值。如：

```
>> normpdf(0,0,1)
  ans =
      0.3989
>> 1/sqrt(2 * pi)
  Ans =
     0.3989
```

不难看出，normpdf(0，0，1)计算的是标准正态分布的

密度函数$f(x)$在$x=0$处的函数值

$$f(0)=\frac{1}{\sqrt{2\pi}}$$

8.3 分布函数的计算——连续函数概率的计算

分布函数$F(x)=P(X\leqslant x)$的计算程序格式如下：

```
>> name cdf(x,A1,A2,A3)
```

或

```
>> cdf('name',x,A1,A2,A3)
```

其中，name 见表 8-1 中 MATLAB 名称，离散型分布的参数设置见表 8-3，其他连续型分布的参数设置见表 8-3。

表 8-3

分布名称	记 号	语 句	参数设置
均匀分布	$X\backsim U(a,\ b)$	unifcdf	(x, a, b)
指数分布	$X\backsim E(1/\lambda)$	expcdf	(x, λ)
正态分布	$X\backsim N(\mu,\ \sigma^2)$	normcdf	(x, μ, σ)
t分布	$X\backsim t(n)$	tcdf	(t, n)
F分布	$X\backsim F(V_1,\ V_2)$	fcdf	(x, v1, v2)
Γ分布	$X\backsim \Gamma(a,\ b)$	gamcdf	(x, a, b)
β分布	$X\backsim \beta(a,\ b)$	betacdf	(x, a, b)
χ^2分布	$X\backsim \chi^2(n)$	chi2cdf	(x, n)

例 8.2：设$X\backsim N(-1,\ 4)$，求$P(-5\leqslant X\leqslant 1)$和$P(|X|>2)$。

解：由$X\backsim N(-1,\ 4)$知：$\mu=-1$，$\sigma=2$

(1) $P(-5\leqslant X\leqslant 1)=F(1)-F(-5)$得程序：

```
>> P1 = normcdf(1, -1, 2) - normcdf( -5, -1, 2)
Ans =
```

0. 8186

(2) $P(|X|>2)=1-P(|X|\leqslant 2)=1-P(X\leqslant 2)+P(X<-2)$得:

```
>> P2 = 1 - normcdf(2, -1,2) + normcdf( -2, -1,2)
Ans =
0. 3753
```

8.4 期望和方差的计算

1. 常见分布的期望与方差

常见分布的期望和方差的计算程序格式为:

[M,V] = namestat(A1,A2,A3)

其中，name 见表 8-1 中 MATLAB 名称，泊松分布的调用函数为 poisstat(少一个 s)，(A1, A2, A3)为表 8-2 和表 8-3 中除掉 x 后的部分。

例 8.3：若 $X \backsim N(1, 9)$，$Y \backsim E(5)$，求 X 和 Y 的期望和方差。

解：(1) X 的期望和方差的计算程序为:

```
>> [M1,V1] = normstat(1,3)
M1 = 1
V1 = 9
```

(2) 由 $Y \backsim E(5)$知，$\frac{1}{\lambda}=5$，$\lambda=0.2$。Y 的期望和方差的计算程序为:

```
>> [M2,V2] = expstat(0. 2)
M2 = 0. 2
V2 = 0. 4
```

2. 一般的数学期望和方差

离散随机变量 X 的数学期望通常表示为 $E(X)=\sum_{k=1}^{\infty}x_kp_k$ 其中 p_k 是对应 x_k 的概率。在 MATLAB 中用函数 sum 求这种简单数学期望。

sum(x)　　累和函数

连续随机变量 $X \backsim f(x)$ 的数学期望 $EX=\int_{-\infty}^{+\infty}xf(x)\mathrm{d}x$，其中 $f(x)$ 是随机变量 X 的概率密度函数。在 MATLAB 中用函数 int(x * fx, a, b) 计算这种数学期望。

int(x * fx,a,b)　　积分函数

样本均值 给定一组样本 $x=(x_1, x_2, \cdots, x_n)$，样本均值为 $\bar{x}=\frac{1}{n}\sum_{i=1}^{n}x_i$。此时期望值等于各元素的算术平均值。在 MATLAB 中用函数 Mean 求样本均值。

Mean　　平均值函数

对于样本 $x=(x_1, x_2, \cdots, x_n)$，mean($x$)得到样本均值 $\bar{x}$，对于向量 $\boldsymbol{x}$，mean($\boldsymbol{x}$)得到它的元素的平均值，对于矩阵 $\boldsymbol{X}$，mean($\boldsymbol{X}$)得到一列向量，其每一行值为矩阵行元素的平均值。

对随机变量 X,为表征它与其期望的偏离程度,引入方差和标准差。

方差　　$D(X)=E\{[X-E(X)]^2\}=E(X^2)-(EX)^2$

标准差　　$\sigma(X)=\sqrt{D(X)}$

对一组样本 $x=(x_1,x_2,\cdots,x_n)$,样本方差为

$$s^2=\frac{1}{n-1}\sum_{i=1}^{n}(x_i-\bar{x})^2$$

样本标准差为

$$s = \sqrt{\frac{1}{n-1}\sum_{i=1}^{n}(x_i - \bar{x})^2}$$

在 MATLAB 中由方差函数 var 和标准差函数 std 计算，函数形式：

var(x,1)为方差$\left(置前因子为\frac{1}{n}\right)$；var(x)为样本方差$\left(置前因子为\frac{1}{n-1}\right)$。

std(x,1)为标准差$\left(置前因子为\frac{1}{n}\right)$；std(x)为样本标准差$\left(置前因子为\frac{1}{n-1}\right)$。

8.5 逆累加分布

逆累加分布函数用于对给定的概率 p，求 x，使得随机事件 $P(X \leqslant x) = p$，其计算程序为：

```
>> name inv(p,A1,A2,A3)
```

其中，name 见表 8-1 中 MATLAB 名称，参数(A1,A2,A3)见表 8-2、表 8-3 中除掉 x 后的部分。

例 8.4：若 $X \backsim B(5,0.1)$，$Y \backsim P(5)$，$P(X \leqslant a) = 0.9914$，$P(Y > b) = 0.01$，求 a、b。

解：(1)

```
>> a = bino inv(0.9914,5,0.1)

a =

  2
```

(2) 由于 $P(Y \leqslant b) = 1 - 0.01 = 0.99$

```
>> b = poiss inv(0.99,5)
```

```
b =
    11
```

例 8.5：若 $X \backsim N(5,9)$，$P(X \leqslant a) = 0.9525$，求 a。

解：由 $X \backsim N(5,9)$ 知，$\mu = 5$，$\sigma = 3$。因此

```
>> a = norm inv(0.9525,5,3)
  a =
  10.0088
```

例 8.6：若 $X \backsim E(0.0001)$，$P(X < b) = 0.633$，求 b。

解：由 $X \backsim E(0.0001)$ 得：$\lambda = 10000$，因此

```
>> b = exp inv(0.633,10000)
 b =
  1.0024e +0.04
```

实　训　题

1. 计算正态分布 $N(0,1)$ 的随机变量 X 在点 0.6578 的密度函数值。

2. 自由度为 8 的卡方分布，在点 2.18 处的密度函数值。

3. 求标准正态分布随机变量 X 落在区间 $(-\infty, 0.4)$ 内的概率（该值就是概率统计教材中的附表——标准正态数值表）。

4. 求自由度为 16 的卡方分布随机变量落在 $[0, 6.91]$ 内的概率。

5. 设 $X \sim N(3, 2^2)$ 求 $P\{2 < X < 5\}$，$P\{-4 < X < 10\}$，$P\{|X| > 2\}$，$P\{X > 3\}$

6. 设随机变量 X 的分布律为：

X	−2	−1	0	1	2
P	0.3	0.1	0.2	0.1	0.3

求 $E(X)$　$E(X^2 - 1)$。

7. 设随机变量 X 的分布律为：

X	-2	0	2
P	0.4	0.3	0.3

求 $E(X)$,$E(3X^2+5)$。

8. 设随机变量 X 的分布密度函数为:$f(x)=\begin{cases}\frac{3}{5}+\frac{6}{5}x^2, & (0\leqslant x<1)\\ 0, & 其他\end{cases}$,求 EX 和 DX。

9. 规定某型电子元件的使用寿命超过1500h为一等品,已知一批样品20只,一等品率为0.2,问这批样品中一等品元件的期望与方差为多少(即一等品元件的个数的最大值)?

10. 求参数 $\lambda=6$ 的泊松分布的期望与方差。

11. 随机抽取6个滚珠测得直径(单位:mm)如下:

14.70　15.21　14.90　14.91　15.32　15.32

试求样本平均值。

12. 求下列样本的样本方差和样本标准差、方差和标准差:

14.70　15.21　14.90　15.32　15.32

13. 随机的取8只活塞环,测得它们的直径(单位:mm)为:

74.001　74.005　74.003　74.001　74.000　73.998　74.006　74.002

求样本的均值、方差值、样本方差值、标准差值、样本标准差值。

第 9 章　统计问题的 MATLAB 计算

9.1　样本的数字特征

在 MATLAB 中，样本 ***X*** 若为向量，则其数字特征是对 ***X*** 中的数字作相应的运算；若样本为矩阵，则其数字特征是对 ***X*** 中的数字作相应的运算。样本常见的数字特征见表 9-1。

表　9-1

名　　称	数学式描述	MATLAB 程序格式
和	$\sum_{k=1}^{n} x_k$	s = sum(X)
最大值	$\max_{m \leqslant k \leqslant n} x_k$	[m,n] = max(X)
最小值	$\min_{m \leqslant k \leqslant n} x_k$	[m,n] = min(X)
中位数		M = median(X)
算术平均	$\bar{x} = \frac{1}{n}\sum_{k=1}^{n} x_k$	mean(X)
方差	$\frac{1}{n-1}\sum_{k=1}^{n}(x_k - \bar{x})^2$	var(X)
标准差	$\sqrt{\mathrm{var}(X)}$	std(X)
协方差	$\frac{1}{n-1}\sum_{i=1}^{n}\sum_{j=1}^{n}(x_i - \bar{x})(x_j - \bar{y})$	Cov(X,Y)
相关系数	$\frac{\mathrm{cov}(X,Y)}{\sqrt{D(X)}\sqrt{D(Y)}}$	Corrcoef(X,Y)
均值绝对差	$\frac{1}{n}\sum_{k=1}^{n}\lvert x_k - \bar{x}\rvert$	mad(X)

（续）

名　　称	数学式描述	MATLAB 程序格式
k 阶中心矩	$\frac{1}{n}\sum_{k=1}^{n}(x_k-\bar{x})^k$	moment(X,k)
样本偏度	$E\left(\frac{X-E(X)}{\sqrt{D(X)}}\right)^3$	skewness(X)
样本峰度	$E\left(\frac{X-E(X)}{\sqrt{D(X)}}\right)^4$	kurtosis(X)

注：样本中缺失的值可用 nan 补充，在求和、求最大（小）值、求算术平均值、求中值和求标准差时只需在相应的 MATLAB 语句前加上 nan 即可。

例 9.1：将某校 19 名同学随机分成四组进行体能测试，测得的结果见表 9-2。试计算各组的和、最大值、中值、均值和标准差。

表　9-2

序号	组 1	组 2	组 3	组 4
1	24	29	30	27
2	26	25	28	31
3	20	21	32	32
4	28	27	30	33
5		28	26	
6		30		

解：MATLAB 程序如下：

```
>>X = [24 26 20 28 nan nan
       29 25 21 27 28 30
```

```
        30 28 32 30 26 nan
        27 31 32 33 nan nan]
>>nansum(X)
Ans =
        98   160   146   123   %计算各组数据之和
>>[M,N] = nanmax(X)
M =28   30   32   33          %各组中的最大值
N =4  6   3   4               %各组中的最大值所在的序号
>>M = nanmedian(X)
M =25   27.5   30   31.5      %各组的中值
>>nanmean(X)
Ans =24.5000   26.6667   29.2000   30.7500
                              %各组的算术平均值
>>nanstd(X)
Ans =3.4157   3.2660   2.2804   2.6300   %各组的标准差
```

9.2　参数估计

参数估计包括点估计和区间估计,常用方法有矩法和极大似然法。由于极大似然估计的估计量不仅满足无偏性、有效性等基本条件,还能保证其为充分统计量,所以在点估计和区间估计中,一般推荐使用极大似然法。参数估计的程序格式为:

[参数估计值] = namefit(X, 参数设置)

其中,$\boldsymbol{X}$ 为向量或矩阵,为矩阵时是对 $\boldsymbol{X}$ 的列进行运算。

1. 常用分布的参数估计

(1) 正态分布　若 $X \backsim N(\mu, \sigma^2)$,但参数 μ 和 σ 未知,则其点估计和区间估计的 MATLAB 程序为:

```
>> [mu, sigma, muci, sigmaci] = normfit(X, Alpha)
```

其中，1）mu，sigma 为 μ 和 σ 的点估计。

2）muci，sigmaci 为 μ 和 σ 的 100（1 - Alpha）% 置信度的置信区间估计，其行数为 2，列数与 X 的列数相同，上、下值分别为置信区间的上、下限。

3）Alpha 为给定的显著水平 α，表示置信度为（$1-\alpha$）100%。默认值为 0.05，即置信度为 95%。

例 9.2：已知某种灯泡的寿命服从正态分布，在某周内从所生产的该种灯泡中随机抽取 10 只，测得其寿命（单位：h）为：

1067，919，1196，785，1126，936，918，1156，920，948

设总体参数均未知，求该周中生产的灯泡寿命超过 1300h 概率的极大似然估计值。

解：$X \backsim N(\mu,\sigma^2)$，则 $p(X>1300)=1-p(X\leqslant 1300)=1-\phi\left(\dfrac{1300-\mu}{\sigma}\right)$

若 μ_1 和 σ_1 分别是 μ 和 σ 的极大似然估计，则由极大似然估计的不变性，所求极大似然估计值为：$p=1-\phi\left(\dfrac{1300-\mu_1}{\sigma_1}\right)$。

计算程序如下：

```
>> X = [1067,919,1196,785,1126,936,918,1156,920,948]
>> [mu,sigma,muci,sigmaci] = normfit(X)
mu = 997.1000    sigma = 131.5476
muci = 1.0e + 003 *
    0.9030
    1.0912
```

```
Sigmaci =90.4831
        240.1546
>> p =1 - normcdf((1300 - mu)/sigma)
P =
   0.0107
```

（2）其他分布（表 9-3）

表　9-3

类　型	概率分布	MATLAB 程序格式
离散型	二项分布	[phat,pci] = binofit(X,Alpha)
	泊松分布	[lambda,lambdaci] = poissfit(X,Alpha)
连续型	均匀分布	[a,b,aci,bci] = unifit(X,Alpha)
	指数分布	[lambda,lambdaci] = expfit(X,Alpha)
	Γ 分布	[phat,pci] = gamfit(X,Alpha)
	β 分布	[phat,pci] = betafit(X,Alpha)

例 9.3：为了估计制造某种产品所需要的单件平均工时（单位：h），现制造 10 件，记录每件所需的工时如下：

9.8，10.2，10.6，11.2，11.4，12.5，12.8，9.9，10.4，9.9

设制造单件产品所需工时服从指数分布，求平均工时的极大似然估计值和 95% 的置信区间。

解：

```
>> X = (9.8, 10.2, 10.6, 11.2, 11.4, 12.5, 12.8, 9.9, 10.4, 9.9)
>> [mu, muci] = expfit(X, 0.05)
mu =10.9100
muci =5.2318
      18.6395
```

即平均工时的极大似然估计值为 10.91h，95% 置信度的置信区间为[5.2318，18.6395]。

2. 参数估计的通用命令

在 MATLAB 中，常见分布的参数估计除了上述外，还有一个通用程序：

```
>>[phat,pci] = mle('name',X,Alpha)
```

其中 name 见表 8-1 中 MATLAB 名称。

例 9.4：从一批产品中抽取 100 个，经检验有 60 个一级品，试在 $\alpha=0.05$ 的显著水平下确定这批产品的一级品率。

解：

```
>>n = 100, X = 60, Alpha = 0.05
>>[phat,pci] = mle('bino',X,Alpha,n)
phat = 0.6000
pci = 0.4972
      0.6967
```

即在 $\alpha=0.05$ 的显著水平下这批产品的一级品率为 0.6，置信度为 95% 的置信区间为[0.4972，0.6967]。

注：mle( )语句中的 n 是相应二项分布的额外参数。

9.3　假设检验

假设检验是对总体 X 的分布或分布参数作某种假设，然后根据抽样的样本观察值，运用数理统计的分析方法，检验这种假设是否正确，从而决定接受假设或拒绝假设。假设检验分以下两大类：

①参数检验：观测的分布函数类型已知，对总体的参数及有关性质作出明确的判断；

②非参数检验：要求判断总体分布类型的检验。

例 9.5：某车间用一台包装机包装糖。当机器正常运转时，每袋糖的质（重）量的均值为 0.5kg，标准差为 0.015，某日开工后检验包装机是否正常，随机抽取 9 袋，称得净重（单位：kg）为：

0.497　0.506　0.518　0.524　0.498　0.511　0.52　0.515　0.512 问机器运转是否正常？

解：假设袋装糖的质量是一个随机变量，它服从正态分布。

已知总体均值 $\mu = 0.5$，标准差 $\sigma = 0.015$，该问题是当 σ^2 为已知时，在显著性水平 $\alpha = 0.05$ 下，根据样本值判断均值 $\mu = 0.5$ 还是 $\mu \neq 0.5$。

由于标准差已知，验证总体的均值，采用 z 检验。

原假设：$H_0: \mu = \mu_0 = 0.5$；备择假设：$H_1: \mu \neq 0.5$。

用 MATLAB 求解如下：

```
>> X = [0.497   0.506   0.518   0.524   0.498   0.511
0.52   0.515   0.512];
>> [h,sig,ci,zval] = ztest(X,0.5,0.015,0.05)
  H =
      1
  Sig =
      0.248              %样本观察值的概率
  Ci =
      0.5014   0.5210   %置信区间，均值 0.5 在此区间之外
  Zval =
      2.2444             %统计量的值
```

结果表明：h = 1，说明在显著性水平 $\alpha = 0.05$ 下，可拒绝原假设，即认为包装机工作不正常。

注：在已知总体服从正态分布的条件下，若总体方差 σ^2 已知，则总体均值的检验使用 z 检验，z 检验的命令为：

```
[h,sig,ci] = ztest(x,m,sigma,alpha,tail)
```

其中，m 为均值，sigma 为已知方差，alpha 为显著性水平，alpha 的默认项为 0.05，tail 的取值决定检验内容。

Tail =0，检验假设“X 的均值 = m”

Tail =1，检验假设“X 的均值 > m”

Tail = -1，检验假设“X 的均值 < m”

Tail 的默认值为 0，h =1 表示拒绝原假设，h =0 表示不拒绝原假设，sig 为假设成立的概率，ci 为均值的 1 - alpha 置信区间。

例 9.6：某公司为测某电子元件的寿命，进行抽样检查，现测得 16 只元件的寿命（单位：h）为：

159　280　101　212　224　379　197　264　222　362

168　250　149　260　485　170

是否有理由认为元件的平均寿命大于 $\mu_0(\mu_0 = 225\text{h})$？

解：假设电子元件的寿命 X（单位：h）服从正态分布。

假设所得数据为抽样数据，这里总体方差 σ^2 未知，故可以采用 t 检验。在显著性水平 $\alpha = 0.05$ 下检验假设。

原假设：$H_0: \mu < \mu_0 = 225$

备择假设：$H_1: \mu > 225$

用 MATLAB 求解如下：

```
>>X = [159  280  101  212  224  379  197  264  222
362  168  250  149  260  485  170];
>>[h,sig,ci] = ttest(x,225,0.05,1)   % 均值为 225,显著
                                        性水平 alpha =
                                        0.05
```

```
h =
    0
    Sig =
        0.2570
    Ci =
        198.2321   Inf      %均值225在该置信区间内
```

结果表明：h=0 表示在水平 $\alpha=0.05$ 下，应该接受原假设 H_0，即认为元件的平均寿命不大于225h。

注：在已知总体服从正态分布的条件下，若总体方差 σ^2 未知，则总体均值的检验可使用 t 检验，t 检验的命令为：

```
[h,sig,ci] = ttest(x,m,alpha,tail)
```

其中，m，alpha，tail 的意义同 z 检验命令中相应的参数的意义。h=1 表示拒绝原假设，h=0 表示不拒绝原假设，sig 为假设成立的概率，ci 为均值的 1-alpha 置信区间。

例9.7：在平炉上进行一项试验以确定新操作方法是否会增加钢的产量。试验在已知平炉上进行，每炼一炉钢除操作方法外，其他的条件做到尽可能相同。先用标准方法炼一炉，然后用其他方法炼一炉，以后交替进行，各炼10炉其产量分别为：

（1）标准方法：78.1　72.4　76.2　74.3　77.4　78.4　76.0　75.5　76.7　77.3

（2）新方法：79.1　81.0　77.3　79.1　80.0　79.1　79.1　77.3　80.2　82.1

新操作方法能否提高产量？（取 $\alpha=0.05$）

解：假设这两个样本分别来自正态总体 $N(\mu_1,\sigma^2)$ 和 $N(\mu_2,\sigma^2)$，μ_1，μ_2，σ^2 未知，且假设两个样本均相互独立。

两个总体方差不变时，因涉及新旧两种方法的比较，又由于两种方法按相近的原则可配成对，以消除混杂因素的影响。下面采用配对的 t 检验。在显著性水平 $\alpha=0.05$ 下检验假设。

原假设：$H_0:\mu_1=\mu_2$；

备择假设：$H_1:\mu_1<\mu_2$。

用 MATLAB 求解如下：

```
>> X = [78.1  72.4  76.2  74.3  77.4  78.4  76.0
75.5  76.7  77.3];
>> Y = [79.1  81.0  77.3  79.1  80.0  79.1  79.1
77.3  80.2  82.1];
>> [h,sig,ci] = ttest2(X,Y,0.05,-1)
h =
    1
Sig =
    2.1759e-004   %说明两个总体均值相等的概率很小
Ci =
      -Inf   -1.9083
```

结果表明：h=1 表示在显著性水平 $\alpha=0.05$ 下，应拒绝原假设，即认为新操作法提高了产率。

注：两总体均值的假设检验使用 t 检验的命令为[h,sig,ci]=ttest(x,y,alpha,tail)，用于检验数据 x，y 关于均值的某一假设是否成立。其中，alpha 为显著性水平，tail 意义同前。

例 9.8：在自动化车床连续加工某零件的一道工序中，由于刀具损坏等原因会导致机器出现故障，而故障的出现是随机的。现有 100 次故障记录，故障出现时该刀具完成的零件数（件）如下：

459	362	624	542	509	584	433	748	815	505
612	452	434	982	640	742	565	706	593	680
926	653	164	487	734	608	428	1153	593	844
527	552	513	781	474	388	824	538	862	659
775	859	755	49	697	515	628	954	771	609
402	960	885	610	292	837	473	677	358	638
699	634	555	570	84	416	606	1062	484	120
447	654	564	339	280	246	687	539	790	581
621	724	531	512	577	496	468	499	544	645
764	558	378	765	666	763	217	715	310	851

试分析该刀具出现故障时完成的零件数服从哪种分布。

解：假设工作人员常通过检查零件来确定工序是否出现故障；假设刀具寿命服从正态分布。

为分析该刀具出现故障时完成的零件数服从哪种分布，先作频率分布直方图，若观察出样本服从正态分布，则用 MATLAB 中的函数 normplot( )画出样本。如果样本都分布在一条直线上，则表明样本服从正态分布，否则不服从正态分布。接着用 normfit( )进行分布的正态性检验，最后用函数 ztest( )进行参数检验。这样就可以确定一组数据是否服从正态分布了。先作频率分布直方图。

```
>> x = [459  362  624  542  509  584  433  748  815  505
        612  452  434  982  640  742  565  706  593  680
        926  653  164  487  734  608  428  1153 593  844
        527  552  513  781  474  388  824  538  862  659
        775  859  755  49   697  515  628  954  771  609
        402  960  885  610  292  837  473  677  358  638
```

```
    699  634  555  570  84   416  606  1062 484  120
    447  654  564  339  280  246  687  539  790  581
    621  724  531  512  577  496  468  499  544  645
    764  558  378  765  666  763  217  715  310  851];
>> hist(x(:),10)   % 频率分布直方图
```

得到图 9-1 所示的频率分布直方图。

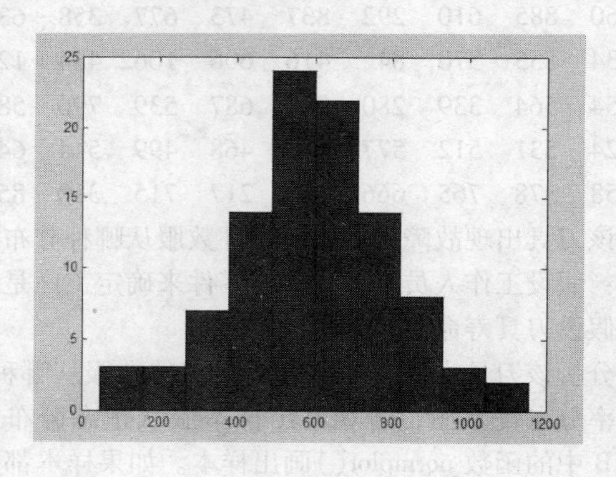

图 9-1

从图中可以初步认定，该刀具出现故障时完成的零件数服从正态分布，但必须进行参数估计和假设检验。

正态分布的概率密度为：$f(x)=\frac{1}{\sqrt{2\pi}\sigma}e^{-\frac{(x-\mu)^2}{2\sigma^2}}$，其中 μ 是平均数，σ 是标准差。

（1）分布的正态性检验　MATLAB 的求解如下：

```
>> normplot(x(:))   % 显示 x 中数据的一个正态分布图，
```

若 x 中数据基本分布在一条直线上，则 x 服从正态分布。由

图 9-2 可知，刀具出现故障时完成的零件数近似服从正态分布。

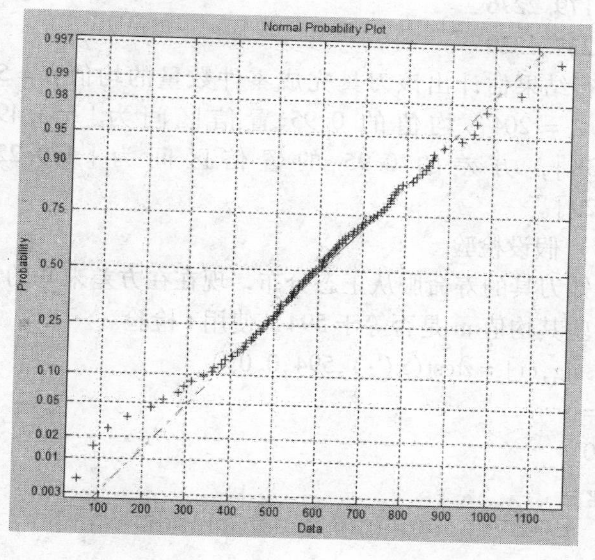

图　9-2

（2）参数估计

```
>> [muhat,sigmahat,muci,sigmaci] = normfit(x(:))
                                    %正态分布的参数估计函数
muhat =
      594
sigmahat =
        204.1301
muci =
    553.4963
    634.5038
```

```
sigmaci =
    179.2276
    237.1329
```

运行结果估计出该刀具完成零件数量的均值 $\mu = 594$，方差 $\sigma^2 = 204$，均值的 0.95 置信区间为［553.4962，634.5038］，方差的 0.95 的置信区间为［179.2276，237.1329］。

（3）假设检验

已知刀具的寿命服从正态分布，现在在方差未知的情况下，检验其均值 m 是否等于 594，使用 t 检验。

```
>>[h,sig,ci] = ztest(x(:),594,0.05)
   h =
     0
   sig =
      1
   ci =
   [553.4962,634.5038]
```

结果表示：h = 0 表示不拒绝原假设，说明提出的假设寿命均值为 594 是合理的。

综上所述，可以认为刀具出现故障时完成的零件数服从正态分布，刀具的平均寿命为 594。

注：设总体服从正态分布，则其点估计可同时用以下命令：

```
[muhat,sigmahat,muci,sigmaci] = normfit(X,alpha)
```

表示在显著性水平 alpha 下估计数据 X 的参数，返回值 muhat 是 X 的均值的点估计值，sigmahat 是标准差的点估计值，muci 是均值的区间估计，sigmaci 是标准差的区间估计，

alpha默认为0.05。

9.4　回归分析

回归分析是在观察数据的基础上，利用数学方法确定变量间函数关系的一种统计分析方法。在回归分析中，如果自变量和因变量的关系可用 $Y=b_0+bX$ 表示，那么这种回归称为线性回归，否则为非线性回归；若自变量的个数为一个，则称为一元回归；若自变量的个数为两个或两个以上，则称为多元回归。

（1）线性回归　线性回归的一般数学模型为：$Y=b_0+b_1X_1+\cdots+b_nX_n$。

我们希望 m 组测量数据$(Y(j),X_1(j),\cdots,X_n(j))$　$(1\leqslant j\leqslant m)$满足方程。

MATLAB 的计算程序如下：

```
>>X1 = [……]',……,Xn = [……]',Y = [……]'
                                    %按列的方式输入各变量的数据
>>X = [ones(m,1),X1,……,Xn]
                                    %m为各变量的行数
>>[b,bint,r,rint,stats] = regress(Y,X,a)   %作线性回归
>>rcoplot (r,rint)                  %作残差图
```

其中，b 是回归系数的最小二乘估计，bint 是置信度为 $100(1-\alpha)\%$ 的各回归系数的置信区间，r 为观测值 Y 与估计值的残差向量，rint 是置信度为 $100(1-\alpha)\%$ 的各残量的区间估计，stats 返回的是 R^2 统计量（相关系数的平方值）、F 统计量和显著性概率 P 值。

注意：当所有数据的残差图都过0线，且显著性概率 $P<0.01$ 时，回归效果显著。若某个数据的残差图不过0线

（此时数据对应的残差线为红线），则视为异常值，将其剔除，再重新进行回归。

例 9.9：某寝室 5 人的身高和体重数据如下：

身高（cm）：175，　165，　185，　178，　195

体重（kg）：　73，　68，　81，　75，　90

试确定这 5 人的身高和体重的关系。

解：

```
>> X1 = [175, 165, 185, 178, 195]'
>> Y = [73, 68, 81, 75, 90]'
>> X = [one s(5, 1), X1]
>> [b, bint, r, rint, stats] = regress(Y, X, 0.05)
>> rcoplot(r, rint)
```

其残差图如图 9-3 所示。

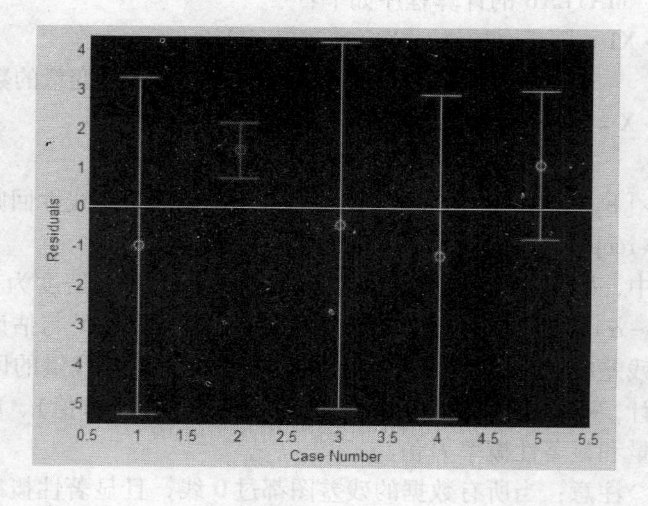

图　9-3

注意：第二个数据对应的残差图不过0线，因此去掉第二个数据后继续作回归：

```
>> X1 = [175, 185, 178, 195]'
>> Y = [73, 81, 75, 90]'
>> X = [one s(4, 1), X1]
>> [b, bint, r, rint, stats] = regress(Y, X, 0.05)
b = -77.5702
     0.8585
stats = 1.0e+003 *
     0.0010      1.3434      0.0000
>> rcoplot(r, rint)
```

此时所有的残差图均过0线（见图9-4），且显著性概率几乎为0，因此，回归效果显著。

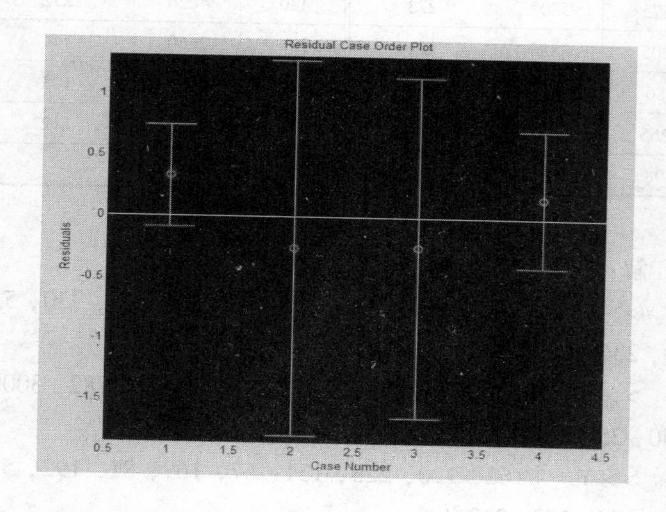

图　9-4

回归方程为：$Y=-77.5702+0.8585X_1$

其中，X_1 为身高，Y 为体重。

作线性回归前，也可通过散点图看其线性效果，如果这些散点基本在一条直线上，也可以作线性回归。

例 9.10：公司要在 13 个地区推销一种新产品，预计的使用人数、销量以及当地的人均收入见表 9-4，若其中某地使用人数增加到 500 万，人均收入增加到 5000 元，问应如何安排供应量？

表　9-4

人数/万	收入/元	销量/千箱	人数/万	收入/元	销量/千箱
274	2450	162	330	2450	192
180	3254	120	53	2560	55
375	3802	223	430	4020	252
205	2838	131	236	2660	144
86	2347	67	157	2088	103
265	3782	169	370	2605	212
98	3008	81			

解：

```
>> X1 = [274, 180, 375, 205, 86, 265, 98, 330, 53, 430, 236, 157, 370]'
>> X2 = [2450, 3254, 3802, 2838, 2347, 3782, 3008, 2450, 2560, 4020, 2660, 2088, 2605]'
>> Y = [162, 120, 223, 131, 67, 169, 81, 192, 55, 252, 144, 103, 212]'
>> X = [ones(13,1),X1,X2]
```

```
>>[b, bint, r, rint, stats] = regress(Y, X, 0.05)
b = 8.5905
    0.4973
    0.0073
Stats  = 1.0e + 004 *
     0.0001      1.3337   0
>> rcoplot(r, rint)
```

由残差图（见图 9-5）可以看出，所有数据的残差图都过 0 线，且显著性概率 P 近似为 0，故回归效果显著。

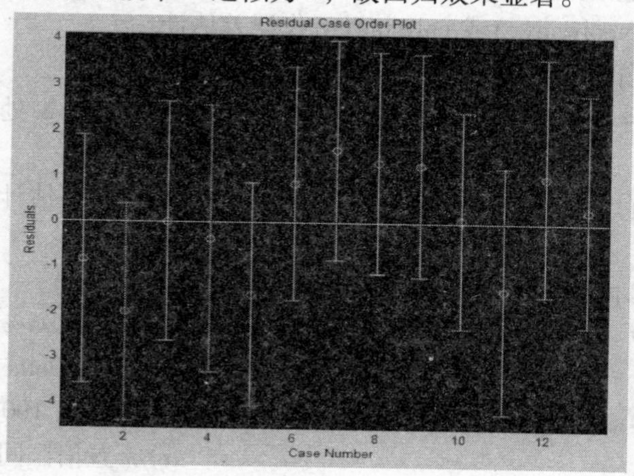

图 9-5

因此有：$Y = 8.5905 + 0.4973X_1 + 0.0073X_2$

当 $X_1 = 500$，$X_2 = 5000$，$Y \approx 294$（千箱）。

说明：因前面没有介绍分布拟合检验，所以这里省去了残差服从均值为 0 的正态分布检验。

```
>>[H, P, CV] = Lillietest(r, 0.05)
```

```
H =0
>> mean(r)
Ans =
   -1. 3118e -014
```

（2）多项式回归　如果回归函数是多项式，则称之为多项式回归。其 MATLAB 程序格式为：

```
>>[P, S] =polyfit(X, Y, n)
```

其中，X 为自变量观测值，Y 为因变量观测值，n 为回归多项式的次数；P 为降幂多项式的系数向量；S 是一个矩阵，可用于 polyval( )或 polyconf( )作误差估计。

①polyval——进行多项式评价

```
>> Y = polyval(P, X)                    % 在给定值 X 处求 Y 的预测值
>>[Y, Delta] = polyval(P, X, S)         % 得到误差估计 Y ± Delta
```

②polyconf——进行多项式评价和置信区间估计

```
>>[Y, Delta] = polyconf(P, X, S)        % 得到 Y 的 95% 置信区间 Y ± Delta
>>[Y, Delta] = polyval(P, X, S, α)      % 得到 Y 的 100(1 - α)% 置信区间
```

例 9. 11：表 9-5 所列数据是某公司销售数字信号处理器的收入（单位：千万元）。

表　9-5

年份	2001	2002	2003	2004	2005	2006	2007	2008	2009
收入	3. 2	2. 9	2. 8	3	3. 3	3. 6	4	4. 6	5. 2

如果保持这样的增长趋势，问 2010 年该公司销售数字信号

处理器的收入是多少?

解: 先做散点图以确定回归函数的类型:

```
>>t=[0, 1, 2, 3, 4, 5, 6, 7, 8]
>>y=[3.2, 2.9, 2.8, 3, 3.3, 3.6, 4, 4.6, 5.2]
>>polt(t, y, '*')
```

从而得到如图 9-6 所示的散点图，其图像像一条二次抛物线。

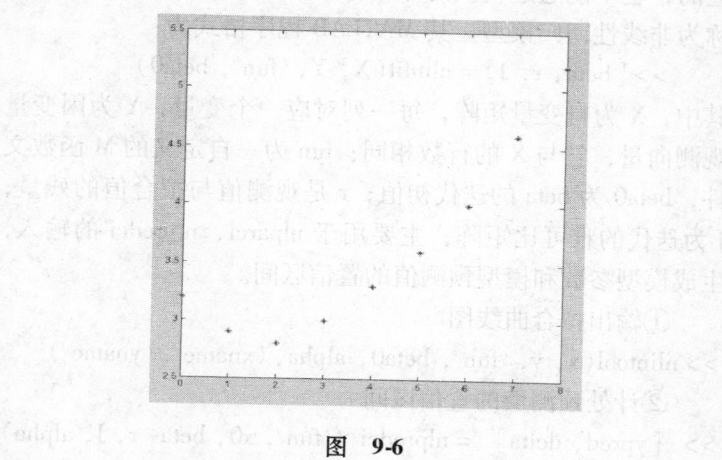

图　9-6

因此考虑作二次多项式回归:

```
>>[P, S]=polyfit(t, y, 2)
>>P=
       0.0596      -0.2087      3.1055
S=
   R: [3×3 double]
   Df: 6
   Normr: 0.2004
```

```
>> Y = polyval (P, 9)
   Y =
       6.0571
```

故2010年该公司销售数字信号处理器的收入是6.06千万元。

（3）非线性回归　在许多问题中，回归参数都不是线性的，也不能通过转换的方式将其变为线性参数，这类模型称为非线性回归模型。其MATLAB程序格式为：

```
>> [beta, r, J] = nlinfit(X, Y, 'fun', beta0)
```

其中，X为自变量矩阵，每一列对应一个变量，Y为因变量观测向量，它与X的行数相同；fun为一自定义的M函数文件，beta0为beta的迭代初值；r是观测值与拟合值的残量；J为迭代的雅可比矩阵，主要用于nlparci、nlpredci的输入，生成模型参数和模型预测值的置信区间。

①输出拟合曲线图

```
>> nlintool(x, y, 'fun', beta0, alpha, 'xname', 'yname')
```

②计处预测值的置信区间

```
>> [ypred, delta] = nlpredci ('fun', x0, beta, r, J, alpha)
```

其中，ypred是x0处的预测点估计，delta是预测半径，置信度为100（1 - alpha)%的预测区间为

[ypred - delta, ypred + delta]

③计算参数估计值的置信区间

```
>> ci = nlparci(beta, r, J)
```

例9.12：体重70kg的某人在短时间内喝下2瓶啤酒后，隔一段时间测他血液中的酒精含量（mg/100mL），结果见表9-6。（数据来源：2004年全国大学生数学建模竞赛题）

表　9-6　　（单位：mg/100mL）

间隔时间/h	0.25	0.5	0.75	1	1.5	2	2.5	3	3.5	4	4.5	5
酒精含量	30	68	75	82	82	77	68	68	58	51	50	41
间隔时间/h	6	7	8	9	10	11	12	13	14	15	16	
酒精含量	38	35	28	25	18	15	12	10	7	7	4	

假设该人现在在很短的时间内喝了 3 瓶啤酒，通过微分方程模型得知他血液中的酒精含量为

$$C(t)=164.877(e^{-0.183t}-e^{-kt})$$

已知国家最新的酒后驾车标准是血液酒精含量大于或等于 20mg/100mL，问该人酒后需经过多长的时间才可以开车。

解：（1）编制 M 文件 fun. m。

在 MATLAB 界面依次单击 File→New→M－file，然后在其窗口输入下面语句：

```
Function y = fun（beta0, x）
K = beta0（1）
y = 164.877 * （exp( -0.183 * x）- exp( -k * x））
```

输完后以默认的文件名 fun 保存到 MATLAB 的 Work 文件夹（不能保存到其他文件夹）。

（2）打开 fun. m（需单击 Window 菜单后可见），在 MATLAB 命令窗口运行：

```
>> n = 3, t = [0.25, 0.5, 0.75, 1]
>> y = [30, 68, 75, 82] * n/2
>> beta0 = [0.2]
>> [beta, r, J] = nlinfit(t, y, 'fun', beta0)
k =
   2.1360
```

从而有 $C(t)=164.877(e^{-0.183t}-e^{-2.136t})$

在 Excel 空白表格的 A1 单元格输入 0.01，A2 单元格输入 0.02，选定 A1 和 A2 单元格，将鼠标放至右下角变黑“十”字后，按住左键下拉至 A20；在 B1 单元格中输入 $C(t)$ 的表达式后按回车键，再将鼠标放至 B1 的右下角变黑“十”字，按住左键下拉。看到 $t\geqslant 9.32$h 后，$C(t)<20$。

因此，该人酒后需经过 9.32h 后才可以开车。

实训题

1. 假设某种清漆的 9 个样品，其干燥时间（以小时计）分别为 6.0，5.7，5.8，6.5，7.0，6.3，5.6，6.1，5.0。设干燥时间总体服从正态分布 $N(\mu,\sigma^2)$。

（1）求 μ 和 σ 的点估计值；

（2）求 μ 和 σ 的置信度为 0.95 的置信区间（σ 未知）。

2. 分别使用金球和铂球测定引力常数：

（1）用金球测定观察值为：6.683，6.681，6.676，6.678，6.679，6.672；

（2）用铂球测定观察值为：6.661，6.661，6.667，6.667，6.664。

设测定值总体为 $N(\mu,\sigma^2)$，μ 和 σ 为未知，对（1）、（2）两种情况分别求 μ 和 σ 的置信度为 0.9 的置信区间。

3. 有两组（每组 100 个元素）正态随机数据，其均值为 10，均方差为 2，求 95% 的置信区间和参数估计值。

4. 某种罐头在正常情况下，按规格平均净重 379g，标准差 11g，现抽查 10 个测得数据（单位：g）：370.74 372.80 386.43 398.14 369.21 381.67 367.90 371.93 386.22 393.08。试说明平均净重是否符合规定要求（$\alpha=0.05$）。

5. 某制药厂生产一种抗生素，已知在正常情况下，每瓶抗生素的某项指标服从均值为 22.3 的正态分布。某天开工后，测得 10 瓶的数据为：22.3 21.5 21.7 23.4 21.8 21.4 23.4 19.8 24.4 21.2，该天生产抗生素每瓶的该项指标的均值是否正常？

6. 美国某加油站有2008年1月和2月二组汽油价格数据样本：119 117 115 116 112 121 115 122 116 118 109 112 119 112 117 113 114 109 109 118 和 118 115 115 122 118 121 120 122 120 113 120 123 121 109 117 117 120 116 118 125，设该加油站汽油价格的标准差为每加仑4美分。

（1）判断1月份每加仑汽油平均价格是否为1.15美元；（2）设价格标准差未知，比较1月、2月的两个样本均值。

7. 从一批化工产品中取8份样品，每份一分为二，分别用甲、乙两种方法检测某成分得数据（单位：mg）：57 56 61 60 47 49 63 61 和 65 69 54 60 52 62 57 60。设含量测值 $N(\mu,\sigma^2)$，问两法测定的平均值是否有显著差异？（$\alpha=0.05$）

8. 近期在某城市一中学收集到24名17岁男性中学生身高（单位：cm）数据如下：

170.1 179.0 171.5 173.1 174.1 177.2 170.3 176.2
163.7 175.4 163.3 179.0 176.5 178.4 165.1 179.4
176.3 179.0 173.9 173.7 173.2 172.3 169.3 172.8

又查到20年前同一所学校同龄男生的平均身高为168cm，根据上面的数据回答，20年来城市17岁男性中学生的身高是否发生了变化？

9. 为了研究某一化学反应过程中，温度 X 对产品生成率 Y 的影响，测得数据如下：

温度 X	100	110	120	130	140	150	160	170	180	190
生成率 Y	45	51	54	61	66	70	74	78	85	89

试做直线 $y=a+bx$ 型回归。

10. 用 ployfit 函数拟合 $y=a_3+a_2x+a_1x^2$ 型回归。

x	0.5	1.0	1.5	2.0	2.5	3.0
y	1.75	2.45	3.81	4.80	7.00	8.60

第10章　数据拟合

10.1　线性最小二乘拟合

多项式拟合的 MATLAB 命令实现：

①多项式 $f(x)=a_1x^m+a_2x^{m-1}+\cdots+a_mx+a_{m+1}$ 拟合，确定多项式系数的命令：

P = polyfit(x,y,m)

其中，$\boldsymbol{x}=(x_1,x_2,\cdots,x_n)$，$\boldsymbol{y}=(y_1,y_2,\cdots,y_n)$，$\boldsymbol{p}=(a_1,a_2,\cdots,a_{m+1})$ 是多项式 $f(x)=a_1x^m+a_2x^{m-1}+\cdots+a_mx+a_{m+1}$ 的系数；m 是拟合后多项式最高次。

②预测值计算命令：

Z = polyval(p,x)

其中，$\boldsymbol{p}=(a_1,a_2,\cdots,a_{m+1})$ 是多项式 $f(x)=a_1x^m+a_2x^{m-1}+\cdots+a_mx+a_{m+1}$ 的系数，$\boldsymbol{x}=(x_1,x_2,\cdots,x_n)$ 是某一取值，求 polyfit 所得的回归多项式在 x 处的预测值 z。

例 10.1：对表 10-1 中数据作二次多项式拟合。

表　10-1

x_i	0	0.1	0.2	0.3	0.4	0.5	0.6	0.7	0.8	0.9	1
y_i	-0.447	1.978	3.28	6.16	7.08	7.34	7.66	9.58	9.48	9.30	11.2

解：(1) MATLAB 命令

```
>>x=0:0.1:1;
>>y=[ -0.447   1.978   3.28   6.16   7.08   7.34   7.66
```

```
9.58   9.48   9.30   11.2];
>>A = polyfit(x,y,2);
>>Z = polyval(A,x);
>>Plot(x,y,'k +',x,z,'r');
A =[ -9.8108   20.1293   -0.0317]
```

即拟合后的函数为：$f(x) = -9.8108x^2 + 20.1293x - 0.0317$

拟合图如图 10-1 所示。

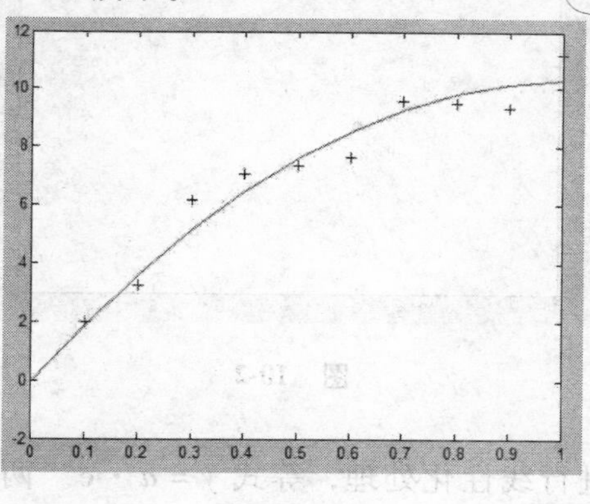

图 10-1

例 10.2：通过实验测得一次性快速静脉注射 300mg 药物后的血药浓度数据，见表 10-2。

表 10-2

t/h	0.25	0.5	1	1.5	2	3	4	6	8
y(μg/mL)	19.21	18.15	15.36	14.10	12.89	9.32	7.45	5.24	3.01

求血药浓度随时间的变化规律 $y(t)$。

解：首先利用 MATLAB 程序描出血药浓度与时间的散

点图，如图 10-2 所示。

从图像可以看出，散点图大致呈负指数函数形态，令 $y = a \cdot e^{-bt}$，其中，t 和 y 分别为时间和血药浓度，$a,b(a,b>0)$ 为待定系数。

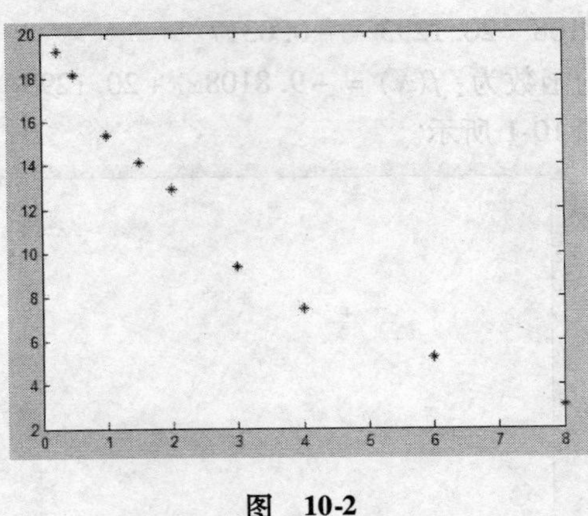

图　10-2

将其进行线性化处理，等式 $y = a \cdot e^{-bt}$ 两边取对数，得：

$$\ln y = \ln a - bt$$

令 $\ln y = Y$，$\ln a = \beta_1$，$-b = \beta_2$，则该方程变为：$Y = \beta_1 + \beta_2 t$

用 MATLAB 程序为：

```
>>t = [0.25 0.5 1 1.5 2 3 4 6 8];
>>y = [19.21 18.15 15.36 14.10 12.89 9.32 7.45 5.24 3.01];
>>Y = log(y);
>>p = polyfit(t,y,1)
P =
   -0.2347   2.9943
```

即 $\beta_1 = 2.9943$，$\beta_2 = -0.2347$。从而 $a = e^{\beta_1} = e^{2.9943} = 19.971$，$b = 0.2347$

则血药浓度与时间的关系为 $y = 19.9714e^{-0.2347t}$。变化规律曲线如图 10-3 所示。

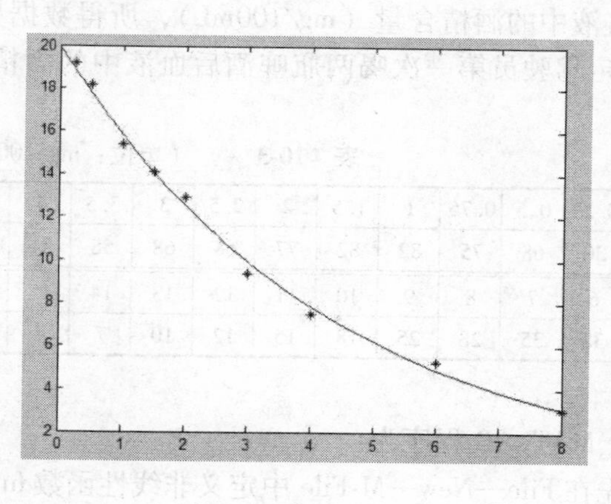

图 10-3

10.2 非线性最小二乘拟合

程序命令如下：

>>k = lsqcurvefit('fun',x0,xdate,ydate)

其中，fun 是一个事先建立的定义函数 F(x, xdate)的 M-文件，自变量 x，x0 是迭代初值，xdate，ydate 为已知数据点。

M 文件的编制方法：在工具栏点击 File ⟶单击 New ⟶单击 M-File，在 Editor-Unitled 中编辑 M 文件。

例 10.3：全国新的《车辆驾驶人员血液、呼气酒精含量阈值与检验》中规定：驾驶员血液中的酒精含量大于或等于 20mg/100mL，小于 80 mg/100mL 为饮酒驾车，血液中的酒精含量大于或等于 80mg/100mL 为醉酒驾车。假设一体重约 70kg 的人第一次饮酒后血液中的酒精含量满足以下模型：$x=\gamma(e^{-\alpha t}-e^{-\beta t})$，其中 γ，α，β 为待定常数，t 为距饮酒的时间。当此人在短时间内喝下 2 瓶啤酒后，隔一段时间测量他血液中的酒精含量（mg/100mL），所得数据见表 10-3。试确定驾驶员第一次喝两瓶啤酒后血液中的酒精含量的模型。

表 10-3 （单位：mg/100mL）

时间/h	0.25	0.5	0.75	1	1.5	2	2.5	3	3.5	4	4.5	5
酒精含量	30	68	75	82	82	77	68	68	58	51	50	41
时间/h	6	7	8	9	10	11	12	13	14	15	16	
酒精含量	38	35	28	25	18	15	12	10	7	7	4	

解：MATLAB 程序为：

首先在 File—New—M-File 中定义非线性函数 fun9_3.m 文件：

```
Function y = fun9_3(a,x)
y = a(3) * (exp(1a(1) * x) - exp( - a(2) * x));
```

在命令窗口中运行：

```
>> x = [0.25 0.5 0.75 1 1.5 2 2.5 3 3.5 4 4.5 5 6 7 8 9 10
11 12 13 14 15 16];
>> y = [30 68 75 82 82 77 68 68 58 51 50 41 38 35 28 25 18
15 12 10 7 7 4];
>> a = lsqcurvefit('fun9_3',[0.2;2;100],x,y)
a =0.1855
   2.0080
   114.4329
```

即 $\alpha=0.1855$，$\beta=2.0080$，$\gamma=114.4329$
由此可见，驾驶员第一次喝酒后，体内血液中酒精含量与时间的关系为：

$$x=114.4329\ (e^{-0.1855t}-e^{-2.008t})$$

拟合图形如图 10-4 所示。

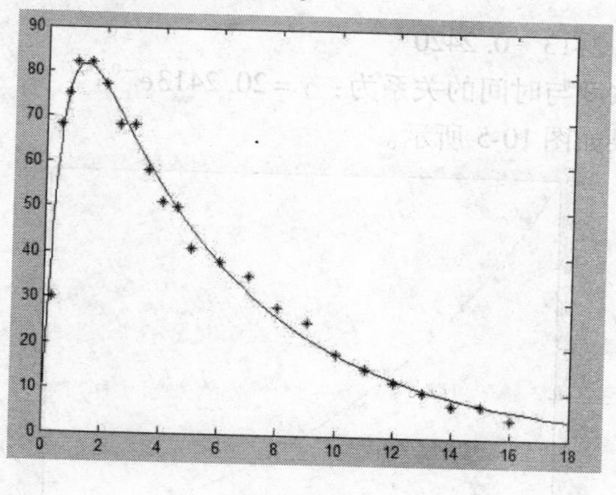

图 10-4

对于表 10-2 中的数据，也可以采用非线性最小二乘拟合进行处理。

解：使用非线性拟合的函数 nlinfit( )，首先建立 fun9 _ 1. m 文件如下：

```
function result = fun9 _ 1(a,x)
result = a(1) * exp( -a(2) * x);
```

观察散点图，不妨取 $a=20$，由 $t=1$ 时，$y=15.36$ 算出 $b=0.264$，取 beta0 = [20 0.264]；

MATLAB 的程序如下：

```
>>t = [0.25 0.5 1 1.5 2 3 4 6 8];
```

```
>> y = [ 19.21  18.15  15.36  14.10  12.89  9.32  7.45  5.24
3.01 ];
>> beta0 = [20 0.264];
>>  beta = nlinfit(t,y,'fun9_1',beta0)
beta =
      20.2413    0.2420
```

则血药浓度与时间的关系为：$y = 20.2413e^{-0.242t}$
拟合效果如图 10-5 所示。

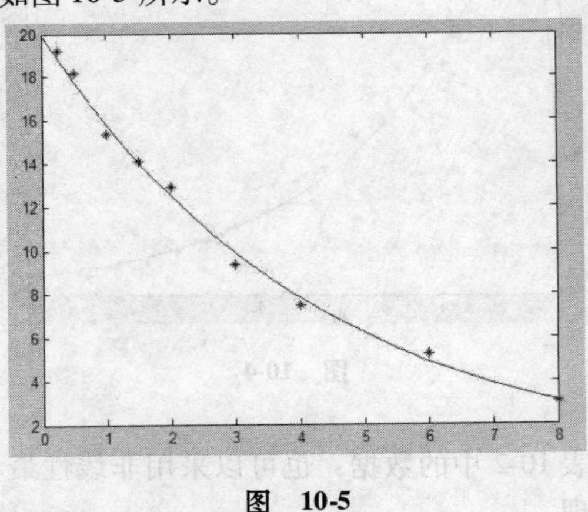

图　10-5

说明：此法与前法虽然方法不同，但拟合的效果同样较好。

例 10.4：化工生产中获得氯气的等级 y 随着生产时间 x 的增加而下降，假设当 $x \geqslant 8$ 时，y 与 x 之间满足如下非线性关系 $y = a + (0.49 - a)e^{-b(x-8)}$，其中，$a$、$b$ 为待定系数，现收集了 44 组数据见表 10-4，试确定氯气与生产时间的关系。

表 10-4

x	8	8	10	10	10	10	12	12	12	12	14	14
y	0.49	0.49	0.48	0.47	0.48	0.47	0.46	0.46	0.45	0.43	0.45	0.43
x	14	16	16	16	18	18	20	20	20	20	22	22
y	0.43	0.44	0.43	0.43	0.46	0.45	0.42	0.42	0.43	0.41	0.41	0.4
x	24	24	24	26	26	26	28	28	30	30	30	32
y	0.42	0.4	0.4	0.41	0.4	0.41	0.41	0.4	0.4	0.4	0.38	0.41
x	32	34	36	36	38	38	40	42				
y	0.4	0.4	0.41	0.38	0.4	0.4	0.39	0.39				

解：本题为非线性拟合模型。要求 a、b 的值，可调用非线性拟合函数 nlinfit( )。

首先定义非线性函数 fun9_2.m 文件：

```
function result = fun9_2(beta0,x)
a = beta0(1);
b = beta0(2);
result = a + (0.49 - a) * exp( - b * (x - 8));
```

然后在窗口命令中运行以下程序：

```
>> x = [8 8 10 10 10 10 12 12 12 12 14 14 14 16 16 16 18 18
20 20 20 20 22 22 24 24 24 26 26 26 28 28 30 30 30 32 32 34
36 36 38 38 40 42];
>> y = [0.49 0.49 0.48 0.47 0.48 0.47 0.46 0.46 0.45 0.43
0.45 0.43 0.43 0.44 0.43 0.43 0.46 0.45 0.42 0.42 0.43
0.41 0.41 0.40 0.42 0.4 0.4 0.41 0.4 0.41 0.41 0.4 0.4 0.4
0.38 0.41 0.4 0.4 0.41 0.38 0.4 0.4 0.39 0.39];
>> beta0 = [0.3,0.02];
```

```
>> betafit = nlinfit(x,y,'fun9_2.m',beta0);
Betafit =
     0.3904     0.1028
```

即：$a = 0.3904$，$b = 0.1028$

所以模型为：$y = 0.3904 + (0.49 - 0.3904)\mathrm{e}^{-0.1028(x-8)} = 0.3904 + 0.0996\mathrm{e}^{-0.1028(x-8)}$

拟合效果如图 10-6 所示。

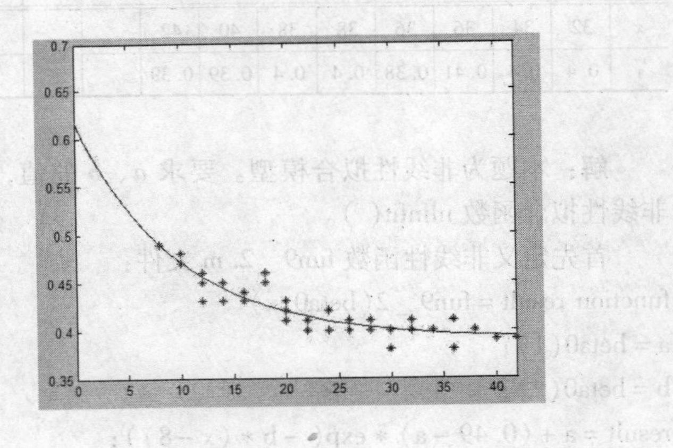

图 10-6

例 10.5：我国是一个人口大国，控制人口增长是我国的一个基本国策，有效控制人口增长的前提是要认识人口数量的变化规律，通过建立人口模型，可以作出较为准确的预报。表 10-5 给出了 1949—1994 年我国人口数据资料。

表 10-5

年份 x_i	1949	1954	1959	1964	1969	1974	1979	1984	1989	1994
人口数 y_i	5.4	6.0	6.7	7.0	8.1	9.1	9.8	10.3	11.3	11.8

试分析我国人口增长规律，建立我国人口模型，并计算1999年我国人口数量。

解：先利用MATLAB作出已知数据的散点图，如图10-7所示。

```
>> x = [1949 1954 1959 1964 1969 1974 1979 1984 1989 1994];
>> y = [5.4  6.0  6.7  7.0  8.1  9.1  9.8  10.3  11.3  11.8];
>> plot(x,y,'*')
```

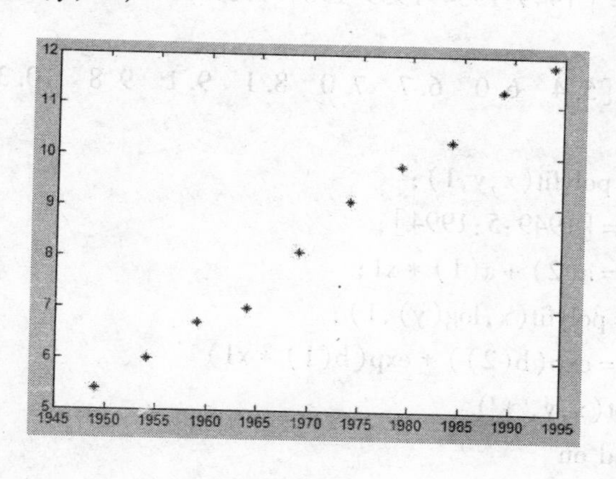

图　10-7

模型一：用线性函数拟合。设我国人口数量满足以下线性模型：

$$y = a + bx$$

其中，a、b 为待定系数。

用MATLAB算出 $a = -283.2320$，$b = 0.1480$，从而得到我国的人口模型为

$$y = -283.232 + 0.148x$$

模型二：用指数函数拟合。设我国人口满足以下模型：

$$y = ae^{bx}$$

其中，a、b 为参数。模型两边同时取对数得：$\ln y = \ln a + bx$

下面用简单的线性最小二乘法拟合出 a、b，用 MATLAB 算得 $a = 2.33$，$b = 0.0179$

即 $$y = 2.33e^{0.0179x}$$

用 MATLAB 求解如下：

```
>> x = [1949 1954 1959 1964 1969 1974 1979 1984 1989
1994];
>> y = [5.4  6.0  6.7  7.0  8.1  9.1  9.8  10.3  11.3
11.8];
>> a = polyfit(x,y,1);
>> x1 = [1949:5:1994];
>> y1 = a(2) + a(1) * x1;
>> b = polyfit(x,log(y),1);
>> y2 = exp(b(2)) * exp(b(1) * x1)
>> plot(x,y,'*')
>> hold on
>> plot(x1,y1,'--r')
>> hold on
>> plot(x1,y2,'-k')
>> legend('原离散点','模型一曲线','模型二曲线')
```

拟合后得到两个图形，如图 10-8 所示。用两个模型分别计算相应年度的人口数见表 10-6。计算模型一的误差平方和 $Q_1 = \sum(y_i - a - bx_i)^2$，模型二的误差平方和 $Q_2 = \sum(y_i - ae^{bx_i})^2$。

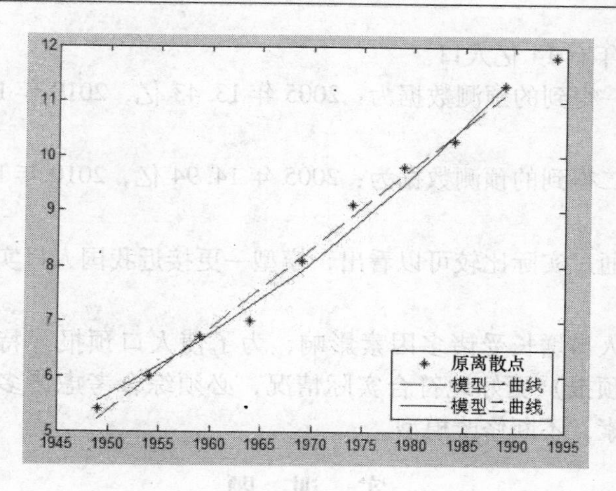

图 10-8

表 10-6

年份 x_i	1949	1954	1959	1964	1969	1974	1979	1984	1989	1994
人口数 y_i	5.4	6.0	6.7	7.0	8.1	9.1	9.8	10.3	11.3	11.8
模型一	5.24	5.97	6.70	7.43	8.16	8.90	9.62	10.36	11.09	11.82
误差	0.16	0.03	0.00	−0.43	−0.06	0.20	0.18	−0.06	0.01	−0.02
模型二	5.55	6.06	6.62	7.23	7.90	8.64	9.44	10.31	11.26	12.31
误差	−0.15	−0.06	0.08	−0.23	0.20	0.46	0.36	−0.01	−0.13	−0.51

结果分析：

①$Q_1 = 0.2915 < 0.7437 = Q_2$，由最小二乘指标判断可知，线性模型更适合中国人口增长。

②用以上两种模型预测我国1999年的人口分别为12.55亿，13.43亿。

③我国人口白皮书披露2005年我国有13.3亿人口，

2010 年有 14 亿人口。

模型一得到的预测数据为：2005 年 13. 43 亿，2010 年 14. 16 亿。

模型二得到的预测数据为：2005 年 14. 94 亿，2010 年 16. 33 亿。

通过实际比较可以看出，模型一更接近我国人口实际数据。

人口增长受诸多因素影响，为了使人口预报（特别是长期预报）更好地符合实际情况，必须综合考虑诸多方面的因素，不断修改模型。

实　训　题

1. 用最小二乘法求一个形如 $y=a+bx^2$ 的经验公式，使它与下表所示数据拟合。

拟合数据表

x	19	25	31	38	44
y	19. 0	32. 3	49	73. 3	97. 8

2. 某乡镇企业 1990—1996 年的生产利润见下表：

年份	1990	1991	1992	1993	1994	1995	1996
利润/万元	70	122	144	152	174	196	202

试预测 1997 年和 1998 年的利润。

第11章　层次分析法的 MATLAB 程序

11.1　层次分析法简介

1. 建立层次结构模型

通过调查研究，将目标准则体系所包含的因素划分为不同层次，如目标层、准则层、方案层等，并采用图表形式，标明递阶层次结构模型。

2. 构造判断矩阵

按照层次结构模型，将每一层元素以相邻上一层某元素为准则，进行成对比较，并按1~9标度方法，构造判断矩阵。

具体操作：设B层有三个元素 B_1，B_2，B_3，参照相邻上一层的元素 A_k，则其判断矩阵为：

A_k	B_1	B_2	B_3
B_1	*	*	*
B_2	*	*	*
B_3	*	*	*

用左边的元素比上方的元素，按1~9标度方法：同等取1，稍重要取3，重要取5，很重要取7，非常重要取9；重要性介于他们之间时取2、4、6、8。

3. 求出每一个成对比较矩阵的最大特征值，作单项一致性检验

具体操作：一致性指标公式为：$CI = \frac{\lambda_{max} - n}{n - 1}$

其中，n 和 λ_{max} 分别为矩阵的阶数和最大特征值。

随机一致性指标 RI 由表 11-1 确定。

表　11-1

n	1	2	3	4	5	6	7	8	9	10
RI	0	0	0.58	0.9	1.12	1.24	1.32	1.41	1.45	1.49

从而得到一致性比率 $CR = \frac{CI}{RI}$。若 $CR < 0.1$，则通过一致性检验；否则，需重新调整比较矩阵。

MATLAB 的计算程序为：

```
>>P = [……]        % 输入成对比较矩阵
>>[S,T] = eig(P),Pmax = T(1,1),CI = (Pmax - n)/(n -
1),RI = ......,CR = CI/RI
                  % 求 P 的特征值 T(1,1)，作一致性检验
```

4. 作总体一致性检验

具体操作：

①求出准则层对目标层的成对比较矩阵的最大特征值对应的归一化特征向量 $\boldsymbol{W}_1$；

②提取方案层对准则层的所有 CI_k 和 RI_k 分别构成 Z_C 和 Z_R；

③总体一致性比率为：$CR = \frac{Z_C \cdot W_1}{Z_R \cdot W_1}$。

若 $CR < 0.1$，则通过一致性检验；否则需重新调整比较矩阵。

MATLAB 计算程序为：

```
>> W1 = S(1,1)/sum(S(1,1)), ZC = [CI1, CI2, ……], ZR
= [RI1, RI2, ……]
>> CR = ZC * W1/(ZR * W1)
```

5. 计算层次总排序权值

具体操作：提取方案层对准则层的所有成对比较矩阵的最大特征值对应的归一化特征向量，构成矩阵或块对角矩阵 $\boldsymbol{W}_2$，则总排序权值为：$\boldsymbol{W} = \boldsymbol{W}_2 \cdot \boldsymbol{W}_1$。

MATLAB 计算程序举例：

```
>> W2 = [S1(1,1)/sum(S1(1,1)), S2(1,1)/sum(S2(1,
1)), ……]
>> W = W2 * W1
```

11.2　应用

例 11.1：（人才选拔）某单位拟从 3 名干部中选拔领导，标准有：健康状况、业务知识、写作能力、口才、政策水平、工作作风。试用层次分析法对 3 人作综合评估、量化排序。

解： 1. 建立层次结构模型

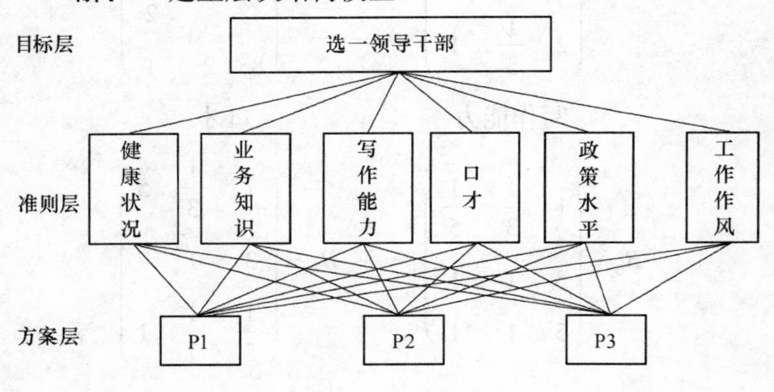

2. 构成比较矩阵

$$\begin{pmatrix} 1 & 1 & 1 & 4 & 1 & \frac{1}{2} \\ 1 & 1 & 2 & 4 & 1 & \frac{1}{2} \\ 1 & \frac{1}{2} & 1 & 5 & 3 & \frac{1}{2} \\ \frac{1}{4} & \frac{1}{4} & \frac{1}{5} & 1 & \frac{1}{3} & \frac{1}{3} \\ 1 & 1 & \frac{1}{3} & 3 & 1 & 1 \\ 2 & 2 & 2 & 3 & 1 & 1 \end{pmatrix}$$

健康状况　　　　业务知识

$$\boldsymbol{B}_1 = \begin{pmatrix} 1 & \frac{1}{4} & \frac{1}{2} \\ 4 & 1 & 3 \\ 2 & \frac{1}{3} & 1 \end{pmatrix} \quad \boldsymbol{B}_2 = \begin{pmatrix} 1 & \frac{1}{5} & \frac{1}{8} \\ 5 & 1 & \frac{1}{2} \\ 8 & 2 & 1 \end{pmatrix}$$

写作能力　　　　口才

$$\boldsymbol{B}_3 = \begin{pmatrix} 1 & \frac{1}{3} & \frac{1}{5} \\ 3 & 1 & 1 \\ 5 & 1 & 1 \end{pmatrix} \quad \boldsymbol{B}_4 = \begin{pmatrix} 1 & \frac{1}{3} & 5 \\ 3 & 1 & 7 \\ \frac{1}{5} & \frac{1}{7} & 1 \end{pmatrix}$$

政策水平　　　　　　工作作风

$$B_5 = \begin{pmatrix} 1 & 1 & 6 \\ 1 & 1 & 7 \\ \frac{1}{6} & \frac{1}{7} & 1 \end{pmatrix} \quad B_6 = \begin{pmatrix} 1 & \frac{1}{7} & 1 \\ 7 & 1 & 5 \\ 1 & \frac{1}{5} & 1 \end{pmatrix}$$

3. 单项一致性检验（用 MATLAB 程序检验）

```
>>P=[1,1,1,4,1,1/2;1,1,2,4,1,1/2;1,1/2,1,5,3,1/2;
1/4,1/4,1/5,1,1/3,1/3;1,1,1/3,3,1,1;2,2,2,3,1,1]
>>[S,T]=eig(P),Pmax=T(1,1),CI=(Pmax-6)/(6-
1),RI=1.24,CR=CI/RI CR=0.0678|
>>B1=[1,1/4,1/2;4,1,3;2,1/3,1],B2=[1,1/5,1/8;5,
1,1/2;8,2,1]
>>B3=[1,1/3,1/5;3,1,1;5,1,1],B4=[1,1/3,5;3,1,7;
1/5,1/7,1]
>>B5=[1,1,6;1,1,7;1/6,1/7,1],B6=[1,1/7,1;7,1,5;
1,1/5,1]
>>[S1,T1]=eig(B1),B1max=T1(1,1),CI1=(B1max-
3)/(3-1),RI1=0.58,CR1=CI1/RI1
>>[S2,T2]=eig(B2),B2max=T2(1,1),CI2=(B2max-
3)/(3-1),RI2=0.58,CR2=CI2/RI2
>>[S3,T3]=eig(B3),B3max=T3(1,1),CI3=(B3max-
3)/(3-1),RI3=0.58,CR3=CI3/RI3
>>[S4,T4]=eig(B4),B4max=T4(1,1),CI4=(B4max-
3)/(3-1),RI4=0.58,CR4=CI4/RI4
>>[S5,T5]=eig(B5),B5max=T5(1,1),CI5=(B5max-
3)/(3-1),RI5=0.58,CR5=CI5/RI5
```

```
>>[S6,T6] = eig(B6),B6max = T6(1,1),CI6 = (B6max - 3)/(3 - 1),RI6 =0.58,CR6 = CI6/RI6
>>ZB =[CR1,CR2,CR3,CR4,CR5,CR6]
ZB =0.0158 0.0048 0.0251 0.0559 0.0023 0.0109
```

所有值都小于0.1,通过一致性检验。

4. 总体一致性检验

```
>> W1 =[S(:,1)/sum(s(:,1))]
>>ZC =[CI1,CI2,CI3,CI4,CI5,CI6],ZR =[RI1,RI2,RI3,RI4,RI5,RI6]
>>a =ZC * W1,b =ZR * W1,CR =a/b
>>CR ≐0.0142
```

由于 CR 的值小于0.1，所以总体通过一致性检验。

5. 排序

```
>> W1 =[S(:,1)/sum(s(:,1))]
>> W2 =[S1(:,1)/sum(s1(:,1)),S2(:,1)/sum(s2(:,1)),S3(:,1)/sum(s3(:,1)),S4(:,1)/sum(s4(:,1)),S5(:,1)/sum(s5(:,1)),S6(:,1)/sum(s6(:,1))]
>>W =W2 * W1
W =   0.1694
      0.5394
      0.2957
```

从结果比较，故应选第二个人。

实 训 题

小李是某大学的应届毕业生，参加多家企业的招聘会后，有甲、乙、丙三个单位愿意录用他。请你为他提供建议，以选择合适的单位。

第 12 章　M 文件和编程

假如读者想灵活运用 MATLAB 去解决实际问题，想充分调动 MATLAB 的科学技术资源，想理解 MATLAB 版本升级所依仗的基础，那么本章内容将十分有用。

12.1　编程入门

通过 M 脚本文件，画出下列分段函数所表示的曲面。

$$p(x_1,x_2)=\begin{cases}0.5457e^{-0.75x_2^2-3.75x_1^2-1.5x_1} & x_1+x_2>1\\ 0.7575e^{-x_2^2-6x_1^2} & -1<x_1+x_2\leqslant 1\\ 0.5457e^{-0.75x_2^2-3.75x_1^2+1.5x_1} & x_1+x_2\leqslant -1\end{cases}$$

（1）编写 M 脚本文件的步骤

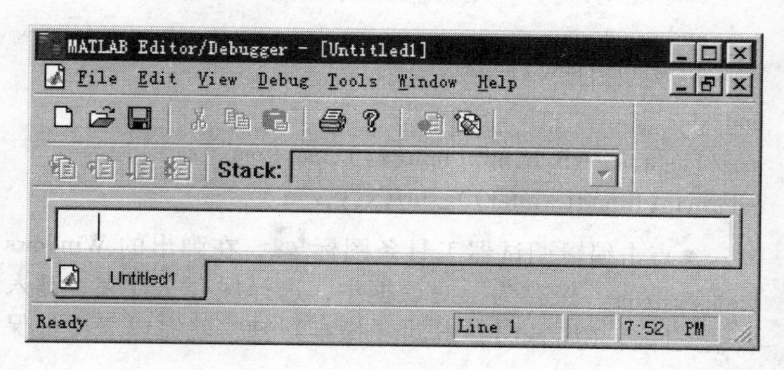

图　12-1

- 点击 MATLAB 指令窗工具条上的 New File 图标，

可打开如图 12-1 所示的 MATLAB 文件编辑调试器 MATLAB Editor/Debugger。其窗口名为 untitled，用户可在空白窗口中编写程序。比如输入如下一段程序：

```
[zx1. m]
a =2;b =2;
clf;
x = -a:0. 2:a;y = -b:0. 2:b;
for i =1:length(y)
  for j =1:length(x)
    if x(j) +y(i) >1
      z(i,j) =0. 5457 * exp( -0. 75 * y(i)^2 -3. 75 * x(j)^2
-1. 5 * x(j));
    elseif x(j) +y(i) < = -1
      z(i,j) =0. 5457 * exp( -0. 75 * y(i)^2 -3. 75 * x(j)^2
+1. 5 * x(j));
    else z(i,j) =0. 7575 * exp( -y(i)^2 -6. * x(j)^2);
    end
  end
end
axis([ -a,a, -b,b,min(min(z)),max(max(z))]);
colormap(flipud(winter));surf(x,y,z);
```

● 点击编辑调试器工具条图标，在弹出的 Windows 标准风格的“保存为”对话框中，选择保存文件夹，键入新编文件名（如 zx1），点动【保存】键，就完成了文件保存。

（2）运行文件

● 使 zx1. m 所在目录成为当前目录，或让该目录处在

MATLAB 的搜索路径上。

● 然后运行以下指令，便可得到图 12-2 所示图形。

zx1

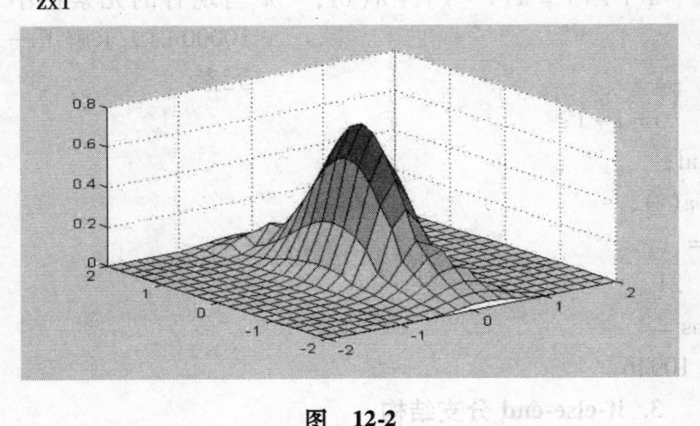

图 12-2

12.2 MATLAB 控制流

1. for 循环结构

例 12.1：一个简单的 for 循环示例。

```
for i=1:10;    %i 依次取 1,2,…,10
  x(i)=i;      %对每个 i 值,重复执行由该指令构成的循环体
end;
x              %要求显示运行后数组 x 的值。
x =
   1    2    3    4    5    6    7    8    9    10
```

2. while 循环结构

例 12.2：Fibonacci 数组的元素满足 Fibonacci 规则：$a_{k+2}=a_k+a_{k+1}$，($k=1,2,\cdots$)；且 $a_1=a_2=1$。现要求该数组中第一个大于 10000 的元素。

```
a(1) =1;a(2) =1;i =2;
while a(i) < =10000
    a(i+1) = a(i-1) + a(i);   % 当现有的元素仍小于
                              10000 时，求解下一个
                              元素。
    i =i +1;
end;
i,a(i),
i =
   21
ans =
  10946
```

3. if-else-end 分支结构

例 12.3：一个简单的分支结构。

```
cost =10;number =12;
if number >8
   sums = number * 0.95 * cost;
end,sums
sums =
  114.0000
```

例 12.4：用 for 循环指令来寻求 Fibonacc 数组中第一个大于 10000 的元素。

```
n =100;a = ones(1,n);
for i =3:n
   a(i) =a(i-1) +a(i-2);
   if a(i) > =10000
      a(i),
```

```
    break;   %跳出所在的一级循环
  end;
end,i
ans =
    10946
i =
  21
```

4. switch-case 结构

例 12.5：学生的成绩管理，用来演示 switch 结构的应用。

```
clear;
%划分区域：满分(100)，优秀(90~99)，良好(80~89)，及格(60~79)，不及格(<60)。
for i=1:10;a{i}=89+i;b{i}=79+i;c{i}=69+i;d{i}=59+i;end;c=[d,c];
Name={'Jack','Marry','Peter','Rose','Tom'};  %元胞数组
Mark={72,83,56,94,100};Rank=cell(1,5);
%创建一个含5个元素的构架数组S，它有三个域。
S=struct('Name',Name,'Marks',Mark,'Rank',Rank);
%根据学生的分数，求出相应的等级。
for i=1:5
  switch S(i).Marks
  case 100                %得分为100时
    S(i).Rank='满分';     %列为'满分'等级
  case a                  %得分在90和99之间
    S(i).Rank='优秀';     %列为'优秀'等级
  case b                  %得分在80和89之间
```

```
    S(i). Rank ='良好';   %列为'良好'等级
  case c                  %得分在 60 和 79 之间
    S(i). Rank ='及格';   %列为'及格'等级
  otherwise               %得分低于 60。
    S(i). Rank ='不及格'; %列为'不及格'等级
  end
end
%将学生姓名,得分,登记等信息打印出来。
disp(['学生姓名','得分','等级']);disp(' ')
for i =1:5;
  disp([S(i).Name,blanks(6),num2str(S(i).Marks),
blanks(6),S(i).Rank]);
end;
学生姓名  得分  等级
  Jack     72    及格
 Marry     83    良好
 Peter     56   不及格
 Rose      94    优秀
 Tom      100    满分
```

5. try-catch 结构

例 12.6：try-catch 结构应用实例。

```
clear,N =4;A = magic(3);       %设置 3 行 3 列矩阵 A
try
    A_N = A(N,:),              %取 A 的第 N 行元素
catch
    A_end = A(end,:),          %如果取 A(N,:)出错，则改
                                 取 A 的最后一行
```

```
end
lasterr                                   % 显示出错原因
A _ end =
        4    9    2
ans =
  Index exceeds matrix dimensions.
```

6. M文件的一般结构

例12.7： M函数文件示例。

```
[circle. m]
function sa = circle(r,s)
% CIRCLE       plot a circle of radii r in the line specified by s.
% r            指定半径的数值
% s            指定线色的字符串
% sa           圆面积
% circle(r)          利用蓝实线画半径为r的圆周线.
% circle(r,s)        利用字符串s指定的线色画半径为r的
                     圆周线.
% sa = circle(r)     计算圆面积,并画半径为r的蓝色圆面.
% sa = circle(r,s)   计算圆面积,并画半径为r的s色圆面.
if nargin > 2
  error('输入宗量太多。');
end;
if nargin = = 1
  s = 'b';
end;
clf;
```

```
t =0:pi/100:2 * pi;
x =r * exp(i * t);
if nargout = =0
  plot(x,s);
else
  sa = pi * r * r;
  fill(real(x),imag(x),s)
end
axis('square')
```

7. 内联函数

例 12.8：演示内联函数的第一种创建格式。

```
clear,F1 = inline('sin(rho)/rho')   % 第一种格式创建内联函数
F1 =
    Inline function:
    F1(rho) = sin(rho)/rho
f1 = F1(2)                           % 内联函数的一种使用方法
f1 =
    0.4546
FF1 = vectorize(F1)                  % 产生适于“数组运算”的
                                       内联函数
xx = [0.5,1,1.5,2];ff1 = FF1(xx)
FF1 =
     Inline function:
     FF1(rho) = sin(rho)./rho
ff1 =
    0.9589     0.8415     0.6650     0.4546
```

实　训　题

1. 鸡兔同笼，共有 36 个头、100 只脚，问鸡兔各有多少？

2. 公元 5 世纪我国古代数学家张丘建在《算经》一书中提出了“百鸡问题”：鸡翁一值钱五，鸡母一值钱三，鸡雏三值钱一。百钱买百鸡，问鸡翁、母、雏各几何？

3. 猴子分桃，五只猴子，第一只将桃子平均分成五份，多了一个扔掉，并拿走一份，第二只猴子，把剩下的平均分成五份，又多了一个扔掉，拿走一份。第三、第四、第五只猴子都这样做，问原来一共有多少个桃子？

4. 求解猴子吃桃问题。猴子在第一天摘下若干个桃子，当即就吃了一半，又感觉不过瘾，于是就多吃了一个。以后每天如此，到第 10 天再想吃时，却发现就只剩下了一个桃子。请编程计算第一天猴子摘的桃子个数。

附录　实训题参考答案

第1章实训题参考答案

1. 表达式$\frac{1996}{18}$的计算结果。

解：MATLAB程序如下：

```
>>1996/18
ans =
   110.8889
```

2. 请输入表达式$\frac{2\sin 0.3\pi}{1+\sqrt{5}}$，并运行。

解：MATLAB程序如下：

```
>>2*sin(0.3*pi)/(1+sqrt(5))
ans =
   0.5000
```

3. 请输出矩阵$\begin{pmatrix}1 & 4 & 7\\ 2 & 5 & 8\\ 3 & 6 & 9\end{pmatrix}$

解：MATLAB程序如下：

```
>>[1,4,7;2,5,8;3,6,9]
ans =
     1     4     7
     2     5     8
     3     6     9
```

第2章实训题参考答案

1. 已知函数$f(x)=4x^3-5\sqrt{x}+1$，求$f(3)$的值。

解：MATLAB 程序如下：

```
>> syms x
>> x = 3;
>> f = 4 * x^3 - 5 * sqrt( x ) + 1
f =
   100.3397
```

2. 已知函数$f(x)=x^4-\sqrt[4]{x}+3.45\sin x-2\cos x$，求$f(3)$的值。

解：MATLAB 程序如下：

```
>> x = 3;
>> f = x^4 - x^( 1/4 ) + 3.45 * sin( x ) - 2 * cos( x )
f =
   82.1508
```

3. 画出函数$y=\tan x$的图形。

解：MATLAB 程序如下：

```
ezplot('tan(x)')
```

图形如图附-1 所示。

4. 在区间$0\leqslant x\leqslant 8$绘制$y=2e^{-x}\sin(x)$的图形。

解：MATLAB 程序如下：

```
>> f = '2 * exp( -x ) . * sin( x )   ';
>> fplot( f, [0   8] );
>> title( f ), xlabel( 'x' )
```

图形如图附-2 所示。

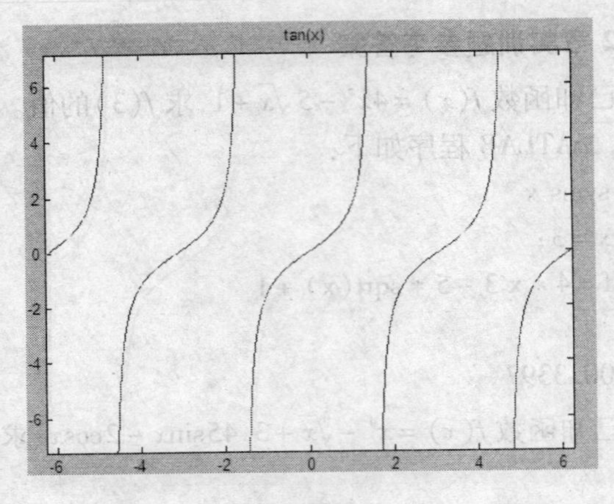

图附-1

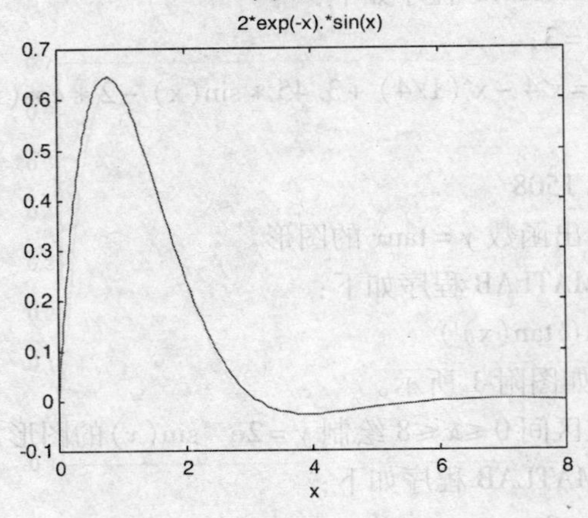

图附-2

5. 画 $f(x)=\begin{cases}x+1, x<1\\ 1+\dfrac{1}{x}, x\geqslant 1\end{cases}$ 的图形。

解：MATLAB 程序如下：

```
>> x1 = -3:0.1:1;x2 = 1:0.1:3;
>> y1 = x1 + 1;y2 = 1 + 1./x2;
>> plot(x1,y1,x2,y2,'r-')
```

图形如图附-3 所示。

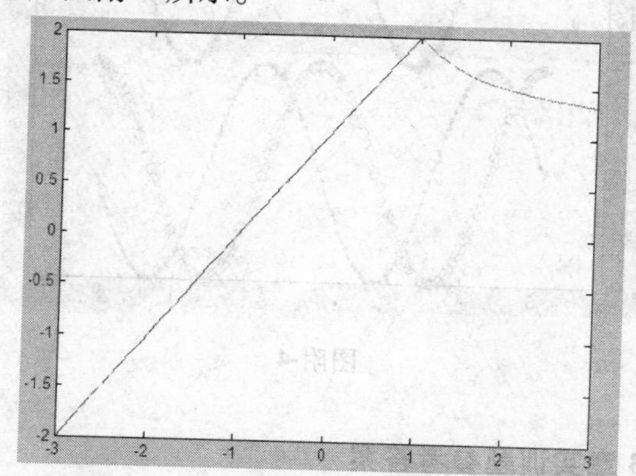

图附-3

6. 画出 $y=\sin(x)$，$y=\sin\left(x+\dfrac{\pi}{3}\right)+2$，$y=\cos(x)$ 的对比图。

解：MATLAB 程序如下：

```
>> clc,clear
>> x = -2 * pi:0.1:2 * pi;
>> y1 = sin(x);y2 = sin(x + pi/3) + 2;y3 = cos(x);
>> plot(x,y1,'.-');
>> hold on    %图形保持命令
>> plot(x,y2,'* -');plot(x,y3,'-o');
```

图形如图附-4 所示。

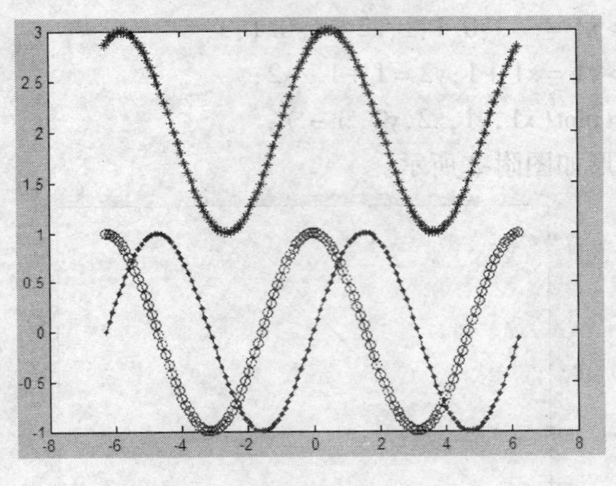

图附-4

第 3 章实训题参考答案

1. 求极限：

（1）$\lim\limits_{x \to 0} \dfrac{\sin 2x}{x}$

解：MATLAB 程序如下：

```
>> syms x
>> limit(sin(2 * x)/x,x,0)
ans =
2
```

（2）$\lim\limits_{x \to 1} \left(\dfrac{1}{x-1} - \dfrac{2}{x^2-1} \right)$

解：MATLAB 程序如下：

```
>> syms x
>> limit((1/(x-1) -2/(x^2 -1)),x,1)
ans =
```

1/2

(3) $\lim\limits_{x \to \infty}\left(\frac{2x+1}{2x-1}\right)^{x+1}$

解：MATLAB 程序如下：

```
>> syms x
>> limit(((2 * x + 1)/(2 * x - 1))^(x + 1),x,inf)
ans =
exp(1)
```

(4) $\lim\limits_{x \to 0^-}\frac{1}{x}$

解：MATLAB 程序如下：

```
>> limit(1/x,x,0,'left')
ans =
-Inf
```

(5) $\lim\limits_{x \to 0}\frac{1}{\sin x}$

解：MATLAB 程序如下：

```
>> limit(1/sin(x))
ans =
NaN
```

2. 设 $y=\left(\frac{3x^2-x+1}{2x^2+x+1}\right)^{\frac{x^3}{1-x}}$，求极限$\lim\limits_{x \to 0}y$。

解：MATLAB 程序如下：

```
>> syms x y
>> y = ((3 * x^2 - x + 1)/(2 * x^2 + x + 1))^(x^3/(1 -
x));
>> limit(y,x,0)
```

ans =

1

3. 求函数的导数：

（1） $y = xe^{x^2}$

解：MATLAB 程序如下：

```
>> syms x y
>> y = x * exp(x^2);
>> diff(y)
ans =
exp(x^2) + 2 * x^2 * exp(x^2)
```

（2） $y = \cos\sqrt{x}$

解：MATLAB 程序如下：

```
>> syms x y
>> y = cos(sqrt(x));
>> diff(y)
ans =
- sin(x^(1/2))/(2 * x^(1/2))
```

（3） $y = e^{-3x}\tan 2x$

解：MATLAB 程序如下：

```
>> syms x y
>> y = exp( -3 * x) * tan(2 * x);
>> diff(y)
ans =
(2 * tan(2 * x)^2 + 2)/exp(3 * x) - (3 * tan(2 * x))/exp(3 * x)
```

（4） $y = \dfrac{\ln x}{x^2}$

解：MATLAB 程序如下：

```
>> syms x y
>> y = log(x)/x^2;
>> diff(y,2)
ans =
(6 * log(x))/x^4 - 5/x^4
```

4. 求不定积分：

(1) $\int e^x \sin^2 x dx$

解：MATLAB 程序如下：

```
>> syms x y
>> y = exp(x) * (sin(x))^2;
>> int(y)
ans =
-(exp(x) * (cos(2 * x) + 2 * sin(2 * x) - 5))/10
```

(2) $\int (\sqrt{x} + x)\ln x dx$

解：MATLAB 程序如下：

```
>> syms x y
>> y = (x^0.5 + x) * log(x);
>> int(y)
ans =
(x^2 * (log(x) - 1/2))/2 + (2 * x^(3/2) * (log(x) - 2/
3))/3
```

(3) $\int \frac{1 + \sin x}{1 + \cos x} e^x dx$

解：MATLAB 程序如下：

```
>> f = (1 + sin(x)) * exp(x)/(1 + cos(x));
```

```
>> int(f,'x')
ans =
(exp(x) * sin(x))/(cos(x) +1)
```

5. 求定积分

(1) $\int_0^1 (3x-5)\arccos x\mathrm{d}x$

解：MATLAB 程序如下：

```
>> syms x y
>> y = (3 * x -5) * acos(x);
>> int(y,0,1)
ans =
(3 * pi)/8 -5
```

(2) $\int_0^{\frac{\pi}{2}} \sqrt{1-\sin 2x}\mathrm{d}x.$

解：MATLAB 程序如下：

```
>> int(sqrt(1 - sin(2 * x)),'x','0','(pi/2)')
ans =
2 * 2^(1/2) -2
```

6. 讨论函数 $f(x) = x^2 e^{-x}$ 极值。

解：MATLAB 程序如下

```
>> syms x y
>> y = x^2 * exp( - x);
>> dy = diff(y)
dy =
(2 * x)/exp(x) - x^2/exp(x)
>> solve(dy)
ans =
```

```
    0
  2
 >> ddy = diff(dy)
 ddy =
 2/exp(x) - (4 * x)/exp(x) + x^2/exp(x)
 >> subs(ddy,x,0)
 ans =
     2
 >> subs(ddy,x,2)
 ans =
     -0.2707
 >> subs(y,x,2)
 ans =
     0.5413
 >> subs(y,x,0)
 ans =
     0
```

因为 x=2 代入二阶导的值为负,所以 x=2 是极大值点,极大值为 0.5413,x=0 代入二阶导的值为正,所以 x=0 是极小值点,极小值为 0。

7. 求函数 $y=x^4-2x^2+5$ 在区间[-2,2]内的最小值。

解:MATLAB 程序如下:

```
>> x = fminbnd('x^4 - 2 * x^2 + 5', -2,2)
x =
    1.0000
>> y = subs('x^4 - 2 * x^2 + 5',x,1)
y =
```

    4

所以最小值为 4

第 4 章实训题参考答案

1. 求微分方程 $y' = 1 + y^2$ 的通解。

解：MATLAB 程序如下：

```
>> dsolve('Dy = 1 + y^2')
ans =
      tan(t + c1)
```

2. 求常微分方程 $x^2 + y + (x - 2y)y' = 0$ 的通解。

解：MATLAB 程序如下：

```
>> a = 'x^2 + y + (x - 2 * y) * Dy = 0';
>> dsolve(a,'x')
ans =
      x/2 + ((4 * x^3)/3 +
x^2 + C2)^(1/2)/2
      x/2 - ((4 * x^3)/3 +
x^2 + C2)^(1/2)/2
```

第 5 章实训题参考答案

1. 输入矩阵 $A = \begin{pmatrix} 1 & 2 & 3 \\ 4 & 5 & 6 \\ 7 & 8 & 9 \end{pmatrix}$

解：MATLAB 程序如下：

```
>> a = [1 2 3;4 5 6;7 8 9]
a =
    1     2     3
```

```
    4     5     6
    7     8     9
```

2. 设 $\boldsymbol{A}=\begin{pmatrix}2&1&3\\3&4&2\end{pmatrix}$，$\boldsymbol{B}=\begin{pmatrix}4&2&5\\2&-3&4\end{pmatrix}$。求(1) $\boldsymbol{A}+\boldsymbol{B}$；(2) $\boldsymbol{A}-\boldsymbol{B}$。

解：MATLAB 程序如下：

```
>> a = [2 1 3;3 4 2];
>> b = [4 2 5;2 -3 4];
>> a + b
ans =
     6     3     8
     5     1     6
>> a - b
ans =
    -2    -1    -2
     1     7    -2
```

3. 设 $\boldsymbol{A}=\begin{pmatrix}2&-1&0\\3&1&-2\end{pmatrix}$，$\boldsymbol{B}=\begin{pmatrix}1&-3\\2&1\\-5&0\end{pmatrix}$。求(1) $2\boldsymbol{A}$；(2) $\boldsymbol{AB}$。

解：MATLAB 程序如下：

```
>> a = [2 -1 0 ;3 1 -2];
>> b = [1 -3;2 1; -5 0];
>> 2 * a
ans =
     4    -2     0
     6     2    -4
```

```
>> a * b
ans =
     0   -7
    15   -8
```

4. 设 $\boldsymbol{A}=\begin{pmatrix}2 & 1 & 0\\ 0 & 1 & -3\\ 1 & 0 & 2\end{pmatrix}$，求（1）$\boldsymbol{A}^{-1}$；（2）$\boldsymbol{A}'$；（3）$\boldsymbol{A}^2$；（4）求矩阵 $\boldsymbol{A}$ 的秩。

解：MATLAB 程序如下：

```
>> A = [2 1 0;0 1 -3;1 0 2];
>> inv(A)
ans =
     2   -2   -3
    -3    4    6
    -1    1    2
>> A'
ans =
     2    0    1
     1    1    0
     0   -3    2
>> A^2
ans =
     4    3   -3
    -3    1   -9
     4    1    4
>> rank(A)
ans =
```

3

5. 设 $\boldsymbol{A}$ 和 $\boldsymbol{B}$ 是满足关系式 $\boldsymbol{AB}=\boldsymbol{A}+2\boldsymbol{B}$ 的矩阵，其中 $\boldsymbol{A}=\begin{pmatrix}4 & 2 & 3\\ 1 & 1 & 0\\ -1 & 2 & 3\end{pmatrix}$，求矩阵 $\boldsymbol{B}$。

解：

分析：$\boldsymbol{B}=(\boldsymbol{A}-2\boldsymbol{E})^{-1}\boldsymbol{A}$，其中 $\boldsymbol{E}$ 是三阶单位矩阵。

MATLAB 程序如下：

```
>> A = [4 2 3 ;1 1 0 ; -1 2 3];
>> B = inv(A - 2 * eye(3)) * A        % eye(3)表示三阶单位矩阵
B =
        3.0000      -8.0000      -6.0000
        2.0000      -9.0000      -6.0000
       -2.0000      12.0000       9.0000
```

第 6 章实训题参考答案

1. 求方程组的通解

$$\begin{cases}x_1+2x_2+2x_3+x_4=0\\2x_1+x_2-2x_3-2x_4=0\\x_1-x_2-4x_3-3x_4=0\end{cases}$$

解：MATLAB 程序如下：

```
format rat
a = [1,2,2,1;2,1, -2, -2;1, -1, -4, -3]
b = null(a,'r')        %求有理基
syms k1 k2
x = k1 * b( :,1) + k2 * b( :,2)        %写出方程组的通解
```

求得基础解系为

$(2,-2,1,0)^T,(5/3,-4/3,0,1)^T$

通解为 $k_1(2,-2,1,0)^T+k_2(5/3,-4/3,0,1)^T, k_1,k_2 \in$ **R**。

2. 求超定方程组

$$\begin{cases}2x_1+4x_2=11\\3x_1-5x_2=3\\x_1+2x_2=6\\2x_1+x_2=7\end{cases}$$

解：MATLAB 程序如下：

```
a=[2,4;3,-5;1,2;2,1];
b=[11;3;6;7];
solution=a\b
```

求得最小二乘解为 $x=(3.0403,1.2418)^T$。

3. 用最小二乘解法解方程组

$$\begin{cases}x_1+x_2=1\\x_1+x_3=2\\x_1+x_2+x_3=0\\x_1+2x_2-x_3=-1\end{cases}$$

解：MATLAB 程序如下：

```
format rat
a=[1,1,0;1,0,1;1,1,1;1,2,-1];
b=[1;2;0;-1];
x1=a\b        % 这里\和 pinv 是等价的
x2=pinv(a)*b
```

求得最小二乘解为

$$x_1 = \frac{17}{6}, x_2 = -\frac{13}{6}, x_3 = -\frac{4}{6}$$。

4. 求解方程组

$$\begin{cases} x_1 - x_2 - x_3 + x_4 = 0 \\ x_1 - x_2 + x_3 - 3x_4 = 1 \\ x_1 - x_2 - 2x_3 + x_4 = -1/2 \end{cases}$$

解：MATLAB 程序如下：

```
format rat
a=[1,-1,-1,1,0;1,-1,1,-3,1;1,-1,-2,3,-1/2];
b=rref(a)
```

求得：

```
b =1    -1   0   -1   1/2
   0     0   1   -2   1/2
   0     0   0    0   0
```

故方程组有解，并有

$$\begin{cases} x_1 = x_2 + x_4 + \dfrac{1}{2} \\ x_3 = 2x_4 + \dfrac{1}{2} \end{cases}$$

因而方程组的通解为

$$\begin{pmatrix} x_1 \\ x_2 \\ x_3 \\ x_4 \end{pmatrix} = k_1 \begin{pmatrix} 1 \\ 1 \\ 0 \\ 0 \end{pmatrix} + k_2 \begin{pmatrix} 1 \\ 0 \\ 2 \\ 1 \end{pmatrix} + \begin{pmatrix} 1/2 \\ 0 \\ 1/2 \\ 0 \end{pmatrix}$$

5. 求解方程组：

$$\begin{cases}2x_1+x_2-5x_3+x_4=8\\x_1-3x_2-6x_4=9\\2x_2-x_3+2x_4=-5\\x_1+4x_2-7x_3+6x_4=0\end{cases}$$

解：MATLAB 程序如下：

```
clc,clear
format rat
a=[2,1,-5,1;1,-3,0,-6;0,2,-1,2;1,4,-7,6];
b=[8;9;-5;0];
R_a=rank(a),R_B=rank([a,b])
n=size(a,2)
if R_a==R_B & R_a==n
  fprintf('方程组有唯一解\n')
  x=a\b
elseif R_a==R_B & R_a<n
  fprintf('方程组有无穷多解\n')
  x=a\b    %求非齐次方程组的特解
  xt=null(a,'r')   %求齐次方程的基础解系
else
  fprintf('方程组无解\n 方程组的最小二乘解为\n')
  x=a\b
end
```

求得唯一解为 $x=(3,-4,-1,1)^T$。

6. 求方程组的解：

$$\begin{cases} x_1 + x_2 - 3x_3 - x_4 = 1 \\ 3x_1 - x_2 - 3x_3 + 4x_4 = 4 \\ x_1 + 5x_2 - 9x_3 - 8x_4 = 0 \end{cases}$$

解：MATLAB 程序如下：

```
    clc,clear
format rat
a=[1,1,-3,-1;3,-1,-3,4;1,5,-9,-8];
b=[1;4;0];
R_a=rank(a),R_B=rank([a,b])
n=size(a,2)
if R_a==R_B & R_a==n
    fprintf('方程组有唯一解\n')
    x=a\b
elseif R_a==R_B & R_a<n
    fprintf('方程组有无穷多解\n')
    x=a\b   %求非齐次方程组的特解
    xt=null(a,'r')   %求齐次方程的基础解系
else
    fprintf('方程组无解\n 方程组的最小二乘解为\n')
    x=a\b
end
```

求得方程组的通解为

$$\begin{pmatrix} x_1 \\ x_2 \\ x_3 \\ x_4 \end{pmatrix} = k_1 \begin{pmatrix} 3/2 \\ 3/2 \\ 1 \\ 0 \end{pmatrix} + k_2 \begin{pmatrix} -3/4 \\ 7/4 \\ 0 \\ 1 \end{pmatrix} + \begin{pmatrix} 0 \\ 0 \\ -8/15 \\ 3/5 \end{pmatrix}, k_1, k_2 \in \mathbf{R}$$

7. 设有线性方程组

$$\begin{cases}(1+\lambda)x_1+x_2+x_3=0\\x_1+(1+\lambda)x_2+x_3=3\\x_1+x_2+(1+\lambda)x_3=\lambda\end{cases}$$

问 λ 取何值时,此方程组有唯一解?

解：MATLAB 程序如下：

```
clc,clear
syms k
a=[1+k,1,1;1,1+k,1;1,1,1+k];
D=det(a); %求系数矩阵的行列式
y=factor(D)   %系数矩阵的行列式进行因式分解
root=solve(y)
b=[0;3;k];
AB=[a,b];
m=length(root);
for n=1:m
    fprintf('k='),disp(root(n))
    fprintf('行最简形为\n')
    s{n}=rref(subs(AB,root(n)));
    disp(s{n})   %显示细胞数组的元素
    if rank(subs(a,root(n)))~=rank(subs(AB,root(n)))
        fprintf('方程组无解\n');
    else
        fprintf('方程组有无穷多解\n');
    end
    fprintf('**************************************\n')
end
```

求得当 $\lambda \neq -3$ 且 $\lambda \neq 0$ 时，方程组有唯一解；当 $\lambda = -3$ 时，方程组有无穷多解；当 $\lambda = 0$ 时，方程组无解。

第 7 章实训题参考答案

1. 求解线性规划问题：

$$\min \quad z = -2x_1 - x_2 + x_3,$$

$$s.\ t. \begin{cases} x_1 + x_2 + 2x_3 = 6 \\ x_1 + 4x_2 - x_3 \leqslant 4 \\ 2x_1 - 2x_2 + x_3 \leqslant 12 \\ x_1 \geqslant 0,\ x_2 \geqslant 0,\ x_3 \leqslant 5 \end{cases}$$

解：MATLAB 程序如下：

```
>> c=[-2,-1,1]; a=[1,4,-1;2,-2,1]; b=[4;12]; a1=[1,1,2]; b1=6;
>> lb=[0;0;-inf]; ub=[inf;inf;5];
>> [x,z]=linprog(c,a,b,a1,b1,1b,ub)
```

运行后得到：

```
x =
    4.6667
    0.0000
    0.6667
z =
   -8.6667
```

2. 求下面的规化问题：

$$\min \quad -5x_1 - 4x_2 - 6x_3$$

$$\text{sub. to} \quad x_1 - x_2 + x_3 \leqslant 20$$

$$3x_1 + 2x_2 + 4x_3 \leqslant 42$$

$3x_1+2x_2\leqslant 30$

$0\leqslant x_1,0\leqslant x_2,0\leqslant x_3$

解：MATLAB 程序如下：

```
>> f =[ -5; -4; -6];
>> A =[1 -1 1;3 2 4;3 2 0];
>> b =[20; 42; 30];
>> lb = zeros(3,1);
>> [x,fval] = linprog(f,A,b,[],[],lb)
```

结果为：

```
x =        % 最优解
   0.0000
   15.0000
   3.0000
   fval =        % 最优值
   -78.0000
```

第 8 章实训题参考答案

1. 计算正态分布 $N(0,1)$ 的随机变量 X 在点 0.6578 的密度函数值。

解：MATLAB 程序如下：

```
>> pdf('norm',0.6578,0,1)
ans =
   0.3213
```

2. 自由度为 8 的卡方分布，在点 2.18 处的密度函数值。

解：MATLAB 程序如下：

```
>> pdf('chi2',2.18,8)
ans =
```

0. 0363

3. 求标准正态分布随机变量 X 落在区间($-\infty$,0. 4)内的概率(该值就是概率统计教材中的附表:标准正态数值表)。

解: MATLAB 程序如下:

```
>> cdf('norm',0.4,0,1)
ans =
    0.6554
```

4. 求自由度为 16 的卡方分布随机变量落在[0,6. 91]内的概率。

解: MATLAB 程序如下:

```
>> cdf('chi2',6.91,16)
ans =
    0.0250
```

5. 设 $X \sim N(3, 2^2)$ 求 $P\{2 < X < 5\}$, $P\{-4 < X < 10\}$, $P\{|X| > 2\}$, $P\{X > 3\}$

解: $p1 = P\{2 < X < 5\}$

$p2 = P\{-4 < X < 10\}$

$p3 = P\{|X| > 2\} = 1 - P\{|X| \leqslant 2\}$

$p4 = P\{X > 3\} = 1 - P\{X \leqslant 3\}$

MATLAB 程序如下:

```
>> p1 = normcdf(5,3,2) - normcdf(2,3,2)
p1 =
    0.5328
>> p2 = normcdf(10,3,2) - normcdf(-4,3,2)
p2 =
    0.9995
```

```
>> p3 = 1 - normcdf(2,3,2) - normcdf( -2,3,2)
 p3 =
   0.6853
>> p4 = 1 - normcdf(3,3,2)
p4 =
0.5000
```

6. 设随机变量 X 的分布律为：

X	-2	-1	0	1	2
P	0.3	0.1	0.2	0.1	0.3

求 $E(X)E(X^2-1)$。

解：在 MATLAB 编辑器中建立 M 文件如下：

```
X = [ -2  -1 0 1 2];
p = [0.3 0.1 0.2 0.1 0.3];
EX = sum( X. * p)
Y = X. ^2 - 1
EY = sum( Y. * p)
```

运行后结果如下：

```
EX =
     0
Y =
     3     0     -1     0     3
EY =
     1.6000
```

7. 设随机变量 X 的分布律为

X	-2	0	2
P	0.4	0.3	0.3

求 $E(X)$, $E(3X^2+5)$。

解：MATLAB 程序如下：

调用累和函数 sum

```
>> x = [ -2 0 2];
>> pk = [0.4 0.3 0.3];sum( x. * pk)
ans = -0.2000
>> y = 3 * x.^2 + 5
y = 17      5      17
>> sum( y. * pk)
ans = 13.4000
```

8. 设随机变量 X 的分布密度函数为：$f(x)=\begin{cases}\dfrac{3}{5}+\dfrac{6}{5}x^2, & (0\leqslant x<1)\\ 0, & 其他\end{cases}$，求 EX 和 DX

解：MATLAB 程序如下：

```
>> syms x
>> fx = 3/5 + 6/5 * x^2;
>> Ex = int( x * fx,0,1)    % 采用连续随机变量的数学期
                              望函数 int( x * fx, a, b)
Ex = 3/5              % 数学期望
>> Ex2 = int( x^2 * fx,0,1)
Ex2 = 11/25
>> Dx = Ex2 - Ex^2
Dx = 2/25        % 方差
```

9. 规定某型电子元件的使用寿命超过 1500h 为一等品，已知一批样品 20 只，一等品率为 0.2。问这批样品中一等品元件的期望与方差为多少（即一等品元件的个数的最大值）？

解：由分析可知电子元件中一品元件分布为二项分布调用 binostat(n,p)函数

```
>> [m,v] = binostat(20,0.2)
m =4
v =3.2000
```

10. 求参数 $\lambda=6$ 的泊松分布的期望与方差。

解：MATLAB 程序如下

```
>> [m,v] = poisstat(6)
m =6
v =6
```

可见泊松分布的期望与方差与其参数 λ 相等。

11. 随机抽取 6 个滚珠测得直径(单位:mm)如下：

14.70　15.21　14.90　14.91　15.32　15.32

试求样本平均值

解：MATLAB 程序如下：

```
>> X = [14.70 15.21 14.90 14.91 15.32 15.32];
>> mean(X)   %计算样本均值
```

则结果如下：

```
ans =
15.0600
```

12. 求下列样本的样本方差和样本标准差、方差和标准差

14.70　15.21　14.90　15.32　15.32

解：MATLAB 程序如下

```
>> X = [14.7 15.21 14.9 14.91 15.32 15.32];
>> DX = var(X,1)     %方差
DX =
```

```
    0.0559
>> sigma = std(X,1)        %标准差
sigma =
    0.2364
>> DX1 = var(X)        %样本方差
DX1 =
    0.0671
>> sigma1 = std(X)     %样本标准差
sigma1 =
    0.2590
```

13. 随机的取8只活塞环，测得它们的直径(单位：mm)为：

74.001 74.005 74.003 74.001 74.000 73.998 74.006 74.002

求样本的均值、方差值、样本方差值、标准差值、样本标准差值。

解：MATLAB程序如下：

```
>> d = [74.001 74.005 74.003 74.001 74.000 73.998 74.006 74.002];
>> mean(d)
ans = 74.0020
>> d = [74.0010 74.0050 74.0030 74.0010 74.0000 73.9980 74.0060 74.0020];
>> var(d,1)
ans = 6.0000e-006
>> var(d)
ans = 6.8571e-006
```

```
>> std(d,1)
ans =0.0024
>> std(d)
ans =0.0026
```

第 9 章实训题参考答案

1. 假设某种清漆的 9 个样品,其干燥时间(以小时计)分别为 6.0,5.7,5.8,6.5,7.0,6.3,5.6,6.1,5.0。设干燥时间总体服从正态分布 $N(\mu,\sigma^2)$。

(1) 求 μ 和 σ 的点估计值;

(2) 求 μ 和 σ 的置信度为 0.95 的置信区间(σ 未知)。

解:MATLAB 程序如下

```
>> time =[6.0 5.7 5.8 6.5 7.0 6.3 5.6 6.1 5.0];
>> [ muhat, sigmahat, muci, sigmaci ] = normfit ( time, 0.05)
muhat =
     6          %μ 的估计值为 6
sigmahat =
     0.5745     %σ 的估计值为 0.5745
muci =
     5.5584
     6.4416     %μ 的估计区间为[5.5584, 6.4416]
sigmaci =
     0.3880
     1.1005     %σ 的估计区间为[5.5584, 6.4416]
```

2. 分别使用金球和铂球测定引力常数:

(1)用金球测定观察值为:6.683,6.681,6.676,6.678,

6.679,6.672;

(2)用铂球测定观察值为:6.661,6.661,6.667,6.667,6.664。

设测定值总体为$N(\mu,\sigma^2)$,μ和σ为未知,对(1)(2)两种情况分别求μ和σ的置信度为0.9的置信区间。

解:MATLAB程序如下:

```
>> j = [6.683 6.681 6.676 6.678 6.679 6.672];
>> b = [6.661 6.661 6.667 6.667 6.664];
>> [muhat,sigmahat,muci,sigmaci] = normfit(j,0.1)
muhat =
    6.6782
sigmahat =
    0.0039
muci =
    6.6750
    6.6813
sigmaci =
    0.0026
    0.0081
```

%金球测定数据的置信度为0.9的μ和σ的置信区间为:μ[6.6750,6.6813],σ[0.0026,0.0081]

```
>> [muhat,sigmahat,muci,sigmaci] = normfit(b,0.1)
muhat =
    6.6640
sigmahat =
    0.0030
muci =
```

```
    6.6611
    6.6669
sigmaci =
    0.0019
    0.0071
```

% 铂球测定数据的置信度为 0.9 的 μ 和 σ 的置信区间为：μ[6.6611,6.6669]，σ[0.0019,0.0071]

3. 有两组（每组 100 个元素）正态随机数据，其均值为 10，均方差为 2，求 95% 的置信区间和参数估计值。

解：MATLAB 程序如下：

```
>> r = normrnd(10,2,100,2);        % 产生两列正态随机数据
>> [mu,sigma,muci,sigmaci] = normfit(r)
```

则结果为

```
mu =
    10.1455    10.0527     % 各列的均值的估计值
sigma =
    1.9072     2.1256      % 各列的均方差的估计值
muci =
    9.7652     9.6288
    10.5258    10.4766
sigmaci =
    1.6745     1.8663
    2.2155     2.4693
```

说明：muci，sigmaci 中各列分别为原随机数据各列估计值的置信区间，置信度为 95%。

4. 某种罐头在正常情况下，按规格平均净重 379g，标准

差11g，现抽查10个测得数据（单位：g）：370. 74 372. 80 386. 43 398. 14 369. 21 381. 67 367. 90 371. 93 386. 22 393. 08。试说明平均净重是否符合规定要求（$\alpha=0.05$）。

解：总体的均值和标准差已知，用u检验法，由函数ztest（x，mu，sigma，alpha）实现。

假设H0：p=379；H1：p≠379

MATLAB程序如下：

```
>> p =[370.74 372.80 386.43 398.14 369.21 381.67
367.90 371.93 386.22 393.08];
>> [h,pweight,ci] = ztest(p,379,11)
h =0
pweight =0.8154
ci =386.6297
```

在$\alpha=0.05$水平下，不能拒绝原假设，即平均净重符合规定要求。

5. 某制药厂生产一种抗生素，已知在正常情况下，每瓶抗生素的某项指标服从均值为22. 3的正态分布。某天开工后，测得10瓶的数据为：22. 3 21. 5 21. 7 23. 4 21. 8 21. 4 23. 4 19. 8 24. 4 21. 2，该天生产抗生素每瓶的该项指标的均值是否正常？

解：MATLAB程序如下：

```
>> z =[22.3 21.5 21.7 23.4 21.8 21.4 23.4 19.8 24.4
21.2];
>> std(z)
ans =1.3295        %用样本标准差代替总体标准差
```

标准差方差已知时，单个正态总体的样本均值是否等于22. 3的检验，用函数ztest实现

```
>>[h,sig,ci] = ztest(z,22.3,(1.33)^2)
>>[h,sig,ci] = ztest(z,22.3,(1.33)^2)
h =0
sig =0.7073
ci =
  20.9936   23.1864
```

% 在 $\alpha=0.05$ 水平下，不能拒绝原假设，即 m=22.3 时该天生产抗生素每瓶的该项指标的均值正常。

6. 某加油站有 2008 年 1 月和 2 月二组汽油价格数据样本：119 117 115 116 112 121 115 122 116 118 109 112 119 112 117 113 114 109 109 118 和 118 115 115 122 118 121 120 122 120 113 120 123 121 109 117 117 120 116 118 125，设该州汽油价格的标准差为每加仑 4 美分。

(1) 判断 1 月份每加仑汽油平均价格是否为 1.15 美元；
(2) 设价格标准差未知，比较 1、2 月的二个样本均值。

解：(1) 方差已知时，单个正态总体均值的检验用 u 检验法，用函数 ztest(x,mu,sig,alpha)

假设 H0：$\mu=\mu_0=1.15$

MATLAB 程序如下：

```
>>p1 =[119 117 115 116 112 121 115 122 116 118 109 112 119 112 117 113 114 109 109 118];
>>p2 =[118 115 115 122 118 121 120 122 120 113 120 123 121 109 117 117 120 116 118 125];
>>[h,pvalue,ci] = ztest(p1/100,1.15,0.04)
h =0
pvalue =0.8668
ci =1.1340   1.1690
```

% 在 $\alpha=0.05$ 水平下，不能拒

绝原假设，即1月份每加仑汽油平均价格为1.15美元。

```
>> [h,pvalue,ci] = ztest(p2/100,1.15,0.04)
h = 1
pvalue = 9.1112e-005
ci = 1.1675   1.2025
```

% 在 $\alpha=0.05$ 水平下，拒绝原假设，即2月份每加仑汽油平均价格与1.15美元有显著差异。

（2）具有相同方差的2个正态总体均值差用t检验法检，用函数 ttest2(x,y,alpha)实现

假设 H0:$p1=p2$，H1:$p1\neq p2$。

MATLAB 程序如下

```
>> [h,sig,ci] = ttest2(p1/100,p2/100)
h = 1
sig = 0.0083
ci = -0.0578   -0.0092
```

% 在 $\alpha=0.05$ 水平下，拒绝原假设，即2月份每加仑汽油平均价格与1.15美元有显著差异。

7. 从一批化工产品中取8份样品，每份一分为二，分别用甲、乙两种方法检测某成分得数据（单位：mg）：57 56 61 60 47 49 63 61 和 65 69 54 60 52 62 57 60。设含量测值 $N(\mu,\sigma^2)$，问两法测定的平均值是否有显著差异？（$\alpha=0.05$）

解法一：

构造随机变量 $z=p1-p2$，即两法测定值的差 z，仍服从正态分布。

MATLAB 程序如下

```
>> p1 = [57 56 61 60 47 49 63 61];
>> p2 = [65 69 54 60 52 62 57 60];
```

```
>> z = p1 - p2                        % z 两法测定值的差
z = -8  -13  7  0  -5  -13  6  1
>> mean(z)
ans = -3.1250                         % 两法测定值的差的均值
>> std(z)
ans = 7.8819                          % 两法测定值的差的标准差
```

两法测定值的差 z 的均值和标准差已知，用 u 检验法，由函数 ztest(x,mu,sigma,alpha)实现。

假设 H:z = 0　　　　　　　　% p1 = p2

```
>> z = [-8  -13  7  0  -5  -13  6  1];
>> [h,sig,ci] = ztest(z, -3.1250,(7.8819)^2)  % 默认值 α = 0.05
h = 0
sig = 1
ci = -46.1742   39.9242   % 在 α = 0.05 水平下,不能拒绝原假设，即 p1 = p2
```

两法测定的平均值无显著差异。

解法二：

用 t 检验法检验样本均值与一常数比较，$z = p1 - p2$ 与 0 比较

假设 H0 : $z = \mu1 - \mu2 = 0$, H1 : $z = \mu1 - \mu2 \neq 0$

```
>> [h,sig,ci] = ttest(z)
h = 0
sig = 0.2991
ci = -9.7145    3.4645     % 在 α = 0.05 水平下,不能拒绝原假设，即 p1 = p2
```

两法测定的平均值无显著差异。

解法三：

用 t 检验法检验具有相同方差的 2 个正态总体均值差，用函数 ttest2(x,y,alpha)实现

假设 H0 :$\mu1 - \mu2 = 0$, H1 :$\mu1 - \mu2 \neq 0$

用 t 检验法检验具有相同方差的 2 个正态总体均值差，用函数 ttest2(x,y,alpha)实现

```
>> [h,sig,ci] = ttest2(p1,p2)
h =0
sig =0.2942
ci = -9.2746      3.0246      % 在 α=0.05 水平下,不能拒绝原假设，即 p1 = p2
```

两法测定的平均值无显著差异。

8. 近期在某城市一中学收集到 24 名 17 岁男性中学生身高数据如下：

170.1 179.0 171.5 173.1 174.1 177.2 170.3 176.2
163.7 175.4 163.3 179.0 176.5 178.4 165.1 179.4
176.3 179.0 173.9 173.7 173.2 172.3 169.3 172.8

又查到 20 年前同一所学校同龄男生的平均身高为 168cm,根据上面的数据回答,20 年来城市 17 岁男性中学生的身高是否发生了变化?

解法一:根据题意:原假设:H_0:$\mu = 168$ 备择假设:H_1:$\mu \neq 168$

MATLAB 程序如下：

```
>> x = [170.1 179.0 171.5 173.1 174.1 177.2 170.3
176.2 163.7 175.4 163.3 179.0 176.5 178.4 165.1 179.4
176.3 179.0 173.9 173.7 173.2 172.3 169.3 172.8];
>>[H,sig] = ttest(x, 168, 0.05, 0)
```

```
H =
   1
sig =
   8.7275e-006
```

% 返回值 H = 1，即在显著水平为 0.05 的情况下，拒绝原假设。即认为学生身高的确发生了变化。

解法二：

```
>> x = [170.1 179.0 171.5 173.1 174.1 177.2 170.3
176.2 163.7 175.4 163.3 179.0 176.5 178.4 165.1 179.4
176.3 179.0 173.9 173.7 173.2 172.3 169.3 172.8];
>> [H,sig,ci] = ttest(x, 168, 0.05, 0)
H =
   1
sig =
   8.7275e-006
ci =
   171.4660 175.4340 % 置信区间
```

% 返回值 H = 1，即在显著水平为 0.05 的情况下，拒绝原假设。即认为学生身高的确发生了变化，且平均身高有 95% 的可能性在[171.4660,175.4340]。

9. 为了研究某一化学反应过程中，温度 X 对产品生成率 Y 的影响，测得数据如下：

温　度 X	100	110	120	130	140	150	160	170	180	190
生成率 Y	45	51	54	61	66	70	74	78	85	89

试作直线 $y = a + bx$ 型回归。

解：MATLAB 程序如下：

```
>> x = [100 110 120 130 140 150 160 170 180 190];   %
```

温度

```
>> y = [45 51 54 61 66 70 74 78 85 89];   % 生成率
>> plot(x,y,'*');                        % 作数据散点图
```

图形如图附-5 所示。

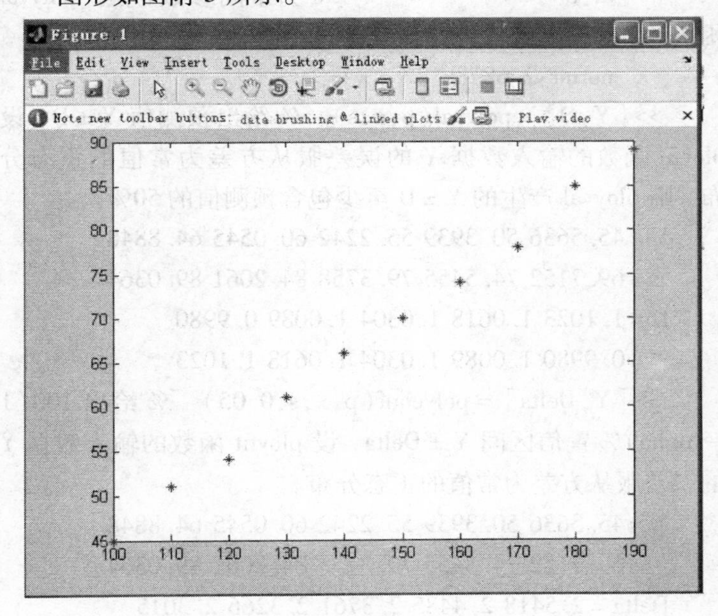

图附-5

```
>> p = polyfit(x,y,1)        %(解法一)计算直线拟合系数
p =0.4830        -2.7394   % 结果表明回归直线为 y = 0.4830x - 2.7394
>> [p,s] = polyfit(x,y,1) %(解法二)计算直线拟合系数
```

p =0. 4830　　　–2. 7394　% 结果表明回归直线为 y = 0. 4830x –2. 7394

s = R：[2x2 double]

　df：8　　　　　　　　　% s 为中间参数，用于 polyval 函数和 ploycont 函数进行预测 Y 的误差估计。

　normr：2. 6878

>> [Y，D] = polyval(p，x，s)　% 给出预测值 Y ± D，设 ployfit 函数的输入数据 Y 的误差服从方差为常值的正态分布，则 ployval 产生的 Y ± D 至少包含预测值的 50%。

Y =45. 5636 50. 3939 55. 2242 60. 0545 64. 8848
　69. 7152 74. 5455 79. 3758 84. 2061 89. 0364

D =1. 1023 1. 0618 1. 0304 1. 0089 0. 9980
　0. 9980 1. 0089 1. 0304 1. 0618 1. 1023

>> [Y，Delta] = polyconf(p，x，s，0. 05)　% 给出 100(1 –alpha)% 置信区间 Y ± Delta，设 ployfit 函数的输入数据 Y 的误差服从方差为常值的正态分布。

Y =45. 5636 50. 3939 55. 2242 60. 0545 64. 8848
　69. 7152 74. 5455 79. 3758 84. 2061 89. 0364

Delta =2. 5418 2. 4485 2. 3761 2. 3266 2. 3015
　2. 3015 2. 3266 2. 3761 2. 4485 2. 5418

>> lsline　　% 画最小二乘法拟合直线

图形如图附-6 所示。

10. 用 ployfit 函数拟合 $y = a_3 + a_2 x + a_1 x^2$ 型回归

x	0. 5	1. 0	1. 5	2. 0	2. 5	3. 0
y	1. 75	2. 45	3. 81	4. 80	7. 00	8. 60

解：MATLAB 程序如下：

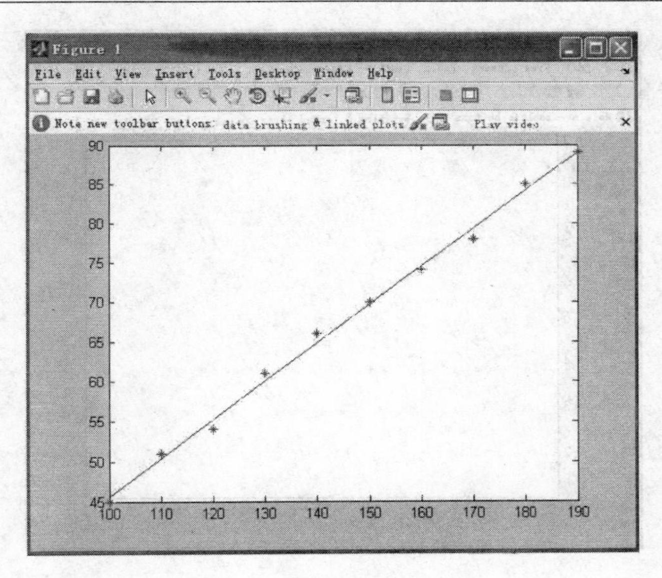

图附-6

```
>> x = [0.5 1.0 1.5 2.0 2.5 3.0];
>> y = [1.75 2.45 3.81 4.80 7.00 8.60];
>> plot(x,y,'*')
```

图形如图附-7 所示。

```
>> p = polyfit(x,y,2)                    %(解法一)计算曲线拟合系数
```

p = 0.5614　0.8287　1.1560　% 表明回归直线为 $\hat{y} = 0.5614x^2 + 0.8287x + 1.1560$

```
>> [p,s] = polyfit(x,y,2)                %(解法二)计算曲线拟合系数
```

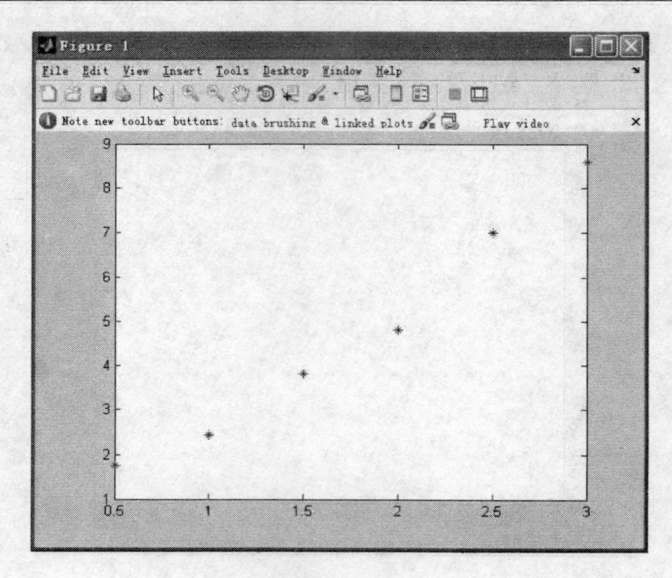

图附-7

p = 0. 5614　0. 8287　1. 1560　% 表明回归直线为 $\hat{y}$ = 0. 5614x^2 + 0. 8287x + 1. 1560

s = R：[3x3 double]

df：3

normr：0. 4220

```
>> x1 = [0. 5 :0. 05 :3. 0];
>> y1 = p(1) * x1. ^2 + p(2) * x1 + p(3);
```

% $\hat{y}$ = 0. 5614x^2 + 0. 8287x + 1. 1560 二次曲线回归

```
>> plot(x1,y1,'-r')
```

% '-r' 表示红色

图形如图附-8 所示。

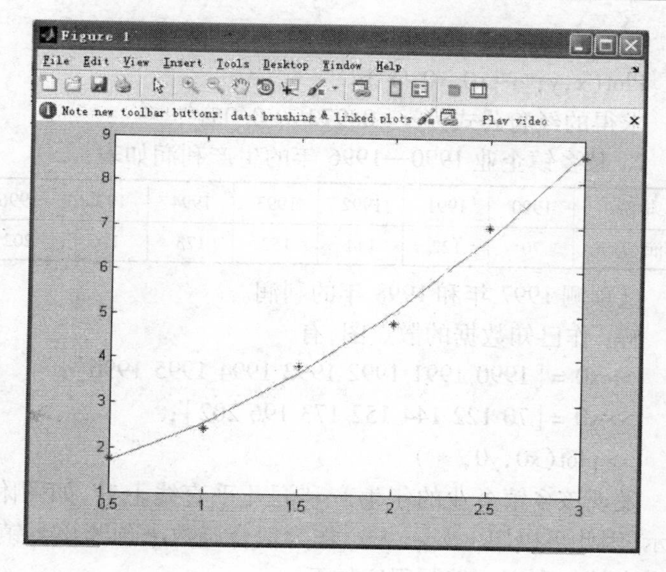

图附-8

第 10 章实训题参考答案

1. 用最小二乘法求一个形如 $y = a + bx^2$ 的经验公式,使它与下表所示数据拟合。

x	19	25	31	38	44
y	19.0	32.3	49	73.3	97.8

解:MATLAB 程序如下:

```
>> x = [19 25 31 38 44]';
>> y = [19.0 32.3 49.0 73.3 97.8]';
>> r = [ones(5,1),x.^2];
>> ab = r\y
>> x0 = 19:0.1:44;
```

```
>> y0 = ab(1) + ab(2) * x0.^2;
Plot(x,y,'o',x0,y0,'r')
```

求得的经验公式为 $y = 0.9726 + 0.05x^2$

2. 某乡镇企业 1990—1996 年的生产利润如表：

年份	1990	1991	1992	1993	1994	1995	1996
利润/万元	70	122	144	152	173	196	202

试预测 1997 年和 1998 年的利润。

解：作已知数据的散点图，有

```
>> x0 = [1990 1991 1992 1993 1994 1995 1996];
>> y0 = [70 122 144 152 173 196 202];
>> plot(x0,y0,'*')
```

发现该乡镇企业的年生产利润几乎直线上升，如图附-9所示，因此可以用 $y = a_1x + a_0$ 作为拟合函数来预测该乡镇企业未来的年利润。编写程序如下：

```
>> x0 = [1990 1991 1992 1993 1994 1995 1996];
>> y0 = [70 122 144 152 174 196 202];
```

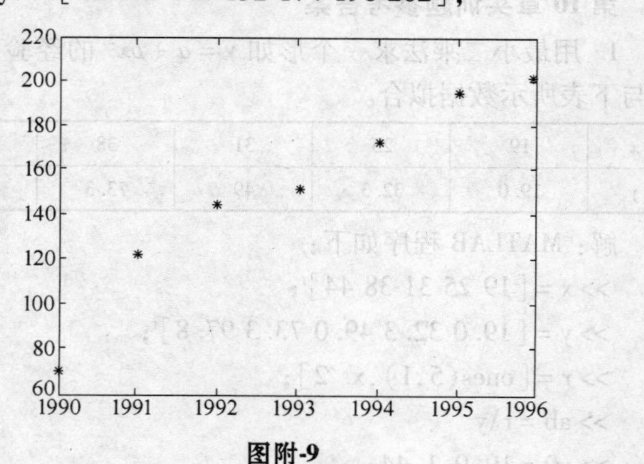

图附-9

```
>> a = ployfit(x0,y0,1);
>> Y97 = ployval(a,1997);
>> Y98 =  ployval(a,1998);
```

得到 1997 年的利润 233.4286，1998 年的利润 253.9286

第 11 章实训题参考答案

小李是某一大学的应届毕业生，参加多家企业的招聘会后，有甲、乙、丙三个单位愿意录用他。请你为他提供建议，以选择合适的单位。

解：根据往届同学的就业经验，可以考虑以下几个因素：研究能力、发展前途、待遇、同事情况、地理位置、单位名气。甲、乙、丙三个单位为供选择的工作地。

(1) 建立目标为工作满意程度的层次结构模型。如图附-10 所示。

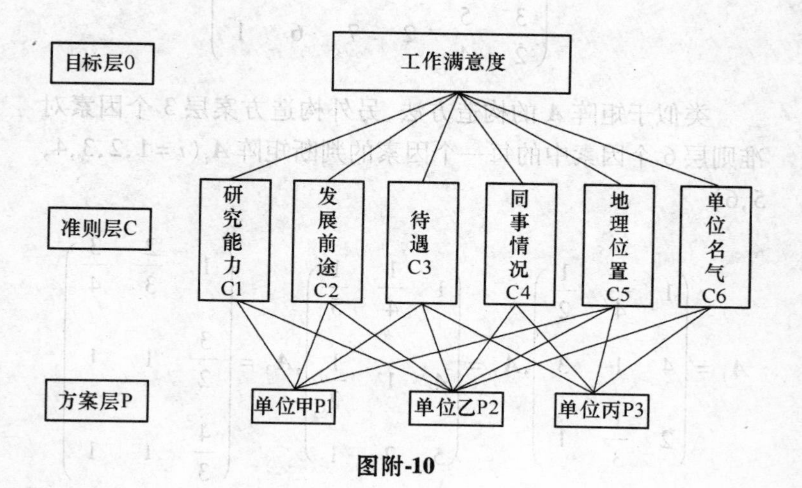

图附-10

（2）构造两两判断比较矩阵

比较 6 个因素对工作满意度的影响大小，可以构造比较矩阵 $\boldsymbol{A}$：

$$\boldsymbol{A}=\begin{pmatrix} 1 & 1 & 1 & 5 & 4 & \frac{2}{3} \\ 1 & 1 & 2 & 4 & 4 & \frac{4}{5} \\ 1 & \frac{1}{2} & 1 & 4 & 3 & \frac{1}{2} \\ \frac{1}{5} & \frac{1}{4} & \frac{1}{4} & 1 & \frac{1}{3} & \frac{1}{7} \\ \frac{1}{4} & \frac{1}{4} & \frac{1}{3} & \frac{4}{3} & 1 & \frac{1}{6} \\ \frac{3}{2} & \frac{5}{4} & 2 & 7 & 6 & 1 \end{pmatrix}$$

类似于矩阵 $\boldsymbol{A}$ 的构造方法，另外构造方案层 3 个因素对准则层 6 个因素中的每一个因素的判断矩阵 $\boldsymbol{A}_i$（$i=1,2,3,4,5,6$）

$$\boldsymbol{A}_1=\begin{pmatrix} 1 & \frac{1}{4} & \frac{1}{2} \\ 4 & 1 & 3 \\ 2 & \frac{1}{3} & 1 \end{pmatrix},\boldsymbol{A}_2=\begin{pmatrix} 1 & \frac{1}{4} & \frac{1}{5} \\ 4 & 1 & \frac{1}{2} \\ 5 & 2 & 1 \end{pmatrix},\boldsymbol{A}_3=\begin{pmatrix} 1 & \frac{2}{3} & \frac{3}{4} \\ \frac{3}{2} & 1 & 1 \\ \frac{4}{3} & 1 & 1 \end{pmatrix},$$

$$A_4=\begin{pmatrix}1&\frac{1}{3}&5\\3&1&7\\\frac{1}{5}&\frac{1}{7}&1\end{pmatrix},A_5=\begin{pmatrix}1&1&7\\1&1&7\\\frac{1}{7}&\frac{1}{7}&1\end{pmatrix},A_6=\begin{pmatrix}1&7&9\\\frac{1}{7}&1&1\\\frac{1}{9}&1&1\end{pmatrix}$$

（3）单项一致性检验（用 MATLAB 程序检验）

```
>>p=[1,1,1,5,4,2/3;1,1,2,4,4,4/5;1,1/2,1,4,3,1/2;1/5,1/4,1/4,1,3/4,1/7;1/4,1/4,1/3,4/3,1,1/6;3/2,4/5,2,7,6,1]

>>[S,T]=eig(P),Pmax=T(1,1),CI=(Pmax-6)/(6-1),RI=1.24,CR=CI/RI CR=0.0678|

>>B1=[1,1/4,1/2;4,1,3;2,1/3,1],B2=[1,1/4,1/5;4,1,1/2;5,2,1]

>>B3=[1,2/3,3/4;2/3,1,1;3/4,1,1],B4=[1,1/3,5;3,1,7;1/5,1/7,1]

>>B5=[1,1,7;1,1,7;1/7,1/7,1],B6=[1, 7,9;1/7,1,1;1/9,1,1]

>>[S1,T1]=eig(B1),B1max=T1(1,1),CI1=(B1max-3)/(3-1),RI1=0.58,CR1=CI1/RI1

>>[S2,T2]=eig(B2),B2max=T2(1,1),CI2=(B2max-3)/(3-1),RI2=0.58,CR2=CI2/RI2

>>[S3,T3]=eig(B3),B3max=T3(1,1),CI3=(B3max-3)/(3-1),RI3=0.58,CR3=CI3/RI3

>>[S4,T4]=eig(B4),B4max=T4(1,1),CI4=(B4max-3)/(3-1),RI4=0.58,CR4=CI4/RI4

>>[S5,T5]=eig(B5),B5max=T5(1,1),CI5=(B5max-3)/(3-1),RI5=0.58,CR5=CI5/RI5
```

```
>> [S6,T6] = eig(B6),B6max = T6(1,1),CI6 = (B6max-3)/(3-1),RI6 = 0.58,CR6 = CI6/RI6
>> ZB = [CR1,CR2,CR3,CR4,CR5,CR6]
ZB = 0.0158 0.0212 0.0462 0.0559 0 0.0061
```

所有值都小于 0.1,通过一致性检验

(4) 总体一致性检验

```
>> W1 = [S(:,1)/sum(s(:,1))]
>> ZC = [CI1,CI2,CI3,CI4,CI5,CI6],ZR = [RI1,RI2,RI3,RI4,RI5,RI6]
>> a = ZC * W1,b = ZR * W1,CR = a/b
>> CR = 0.0342
```

由于 CR 的值小于 0.1,所以总体通过一致性检验

(5) 排序

```
>> W1 = [S(:,1)/sum(s(:,1))]
>> W2 = [S1(:,1)/sum(s1(:,1)),S2(:,1)/sum(s2(:,1)),S3(:,1)/sum(s3(:,1)),S4(:,1)/sum(s4(:,1)),S5(:,1)/sum(s5(:,1)),S6(:,1)/sum(s6(:,1))]
>> W = W2 * W1
W = 0.3843
    0.3512
    0.2645
```

从结果比较,故应选第一个单位。

第 12 章实训题参考答案

1. 鸡兔同笼,共有 36 个头、100 只脚,问鸡兔各有多少?

解:程序如下:

```
for i = 1:36
```

```
for j = 1:36
    if i + j == 36 &2 * i + 4 * j == 100
        d = [i,j]
    end
  end
end
```

2. 公元5世纪我国古代数学家张丘建在《算经》一书中提出了“百鸡问题”:鸡翁一值钱五,鸡母一值钱三,鸡雏三值钱一。百钱买百鸡,问鸡翁、母、雏各几何?

解:设 x:鸡翁数,则 x 的范围:0 ~ 19

y:鸡母数,则 y 的范围:0 ~ 33

z:鸡雏数,则 z 的范围:0 ~ 100

则:

$x + y + z = 100$

$5x + 3y + z/3 = 100$

这是一个不定方程。

```
for x = 0:19
    for y = 0:33
        for z = 0:100
            if(x + y + z == 100)&(5 * x + 3 * y + z/3
                        == 100)
                d = [x,y,z]
            end
        end
    end
end
```

3. 猴子分桃,五只猴子,第一只将桃子平均分成五份,多了一个扔掉,并拿走一份,第二只猴子,把剩下的平均分成五份,又多了一个扔掉,拿走一份。第三,第四,第五只猴子都这样做的,问原来一共有多少个桃子?

```
s = 1;
a = [0,0,0,0,0];
while s > 0
  c = s;
for i = 1:5
a(i) = rem(c,5);
c = (c - 1) * (4/5);
end
if a == [1,1,1,1,1]
break;
end
s = s + 1;
end
s
```

4. 求解猴子吃桃问题。猴子在第一天摘下若干个桃子,当即就吃了一半,又感觉不过瘾,于是就多吃了一个。以后每天如此,到第 10 天再想吃时,却发现就只剩下了一个桃子。请编程计算第一天猴子摘的桃子个数。

```
s = 1;
while s > 0
    c = s;
for i = 1:9
c = c/2 - 1;
end
```

```
if c ==1 break
end
s=s+1;
end
s
```

参 考 文 献

[1] 王新华. 应用数学基础 [M]. 北京：清华大学出版社，2010.
[2] 戎笑，于德明. 高职数学建模竞赛培训教程 [M]. 北京：清华大学出版社，2010.
[3] 颜文勇. 数学建模 [M]. 北京：高等教育出版社，2011.
[4] 郭培俊. 高职数学建模 [M]. 杭州：浙江大学出版社，2011 .
[5] 韩中庚. 数学建模方法及其应用 [M]. 北京：高等教育出版社，2009 .
[6] 韩中庚. 实用运筹学 [M]. 北京：清华大学出版社，2007.
[7] 姜启源. 数学建模 [M]. 北京：高等教育出版社，2003.